Veit Große

Ladungsträgertransport in epitaktischen Strontiumtitanat-Schichten

Veit Große

Ladungsträgertransport in epitaktischen Strontiumtitanat-Schichten
für den Einsatz in supraleitenden Bauelementen

Südwestdeutscher Verlag für Hochschulschriften

Impressum/Imprint (nur für Deutschland/only for Germany)
Bibliografische Information der Deutschen Nationalbibliothek: Die Deutsche Nationalbibliothek verzeichnet diese Publikation in der Deutschen Nationalbibliografie; detaillierte bibliografische Daten sind im Internet über http://dnb.d-nb.de abrufbar.
Alle in diesem Buch genannten Marken und Produktnamen unterliegen warenzeichen-, marken- oder patentrechtlichem Schutz bzw. sind Warenzeichen oder eingetragene Warenzeichen der jeweiligen Inhaber. Die Wiedergabe von Marken, Produktnamen, Gebrauchsnamen, Handelsnamen, Warenbezeichnungen u.s.w. in diesem Werk berechtigt auch ohne besondere Kennzeichnung nicht zu der Annahme, dass solche Namen im Sinne der Warenzeichen- und Markenschutzgesetzgebung als frei zu betrachten wären und daher von jedermann benutzt werden dürften.

Verlag: Südwestdeutscher Verlag für Hochschulschriften GmbH & Co. KG
Heinrich-Böcking-Str. 6-8, 66121 Saarbrücken, Deutschland
Telefon +49 681 37 20 271-1, Telefax +49 681 37 20 271-0
Email: info@svh-verlag.de

Zugl.: Jena, Friedrich-Schiller-Universität, Diss., 2011

Herstellung in Deutschland:
Schaltungsdienst Lange o.H.G., Berlin
Books on Demand GmbH, Norderstedt
Reha GmbH, Saarbrücken
Amazon Distribution GmbH, Leipzig
ISBN: 978-3-8381-3024-8

Imprint (only for USA, GB)
Bibliographic information published by the Deutsche Nationalbibliothek: The Deutsche Nationalbibliothek lists this publication in the Deutsche Nationalbibliografie; detailed bibliographic data are available in the Internet at http://dnb.d-nb.de.
Any brand names and product names mentioned in this book are subject to trademark, brand or patent protection and are trademarks or registered trademarks of their respective holders. The use of brand names, product names, common names, trade names, product descriptions etc. even without a particular marking in this works is in no way to be construed to mean that such names may be regarded as unrestricted in respect of trademark and brand protection legislation and could thus be used by anyone.

Publisher: Südwestdeutscher Verlag für Hochschulschriften GmbH & Co. KG
Heinrich-Böcking-Str. 6-8, 66121 Saarbrücken, Germany
Phone +49 681 37 20 271-1, Fax +49 681 37 20 271-0
Email: info@svh-verlag.de

Printed in the U.S.A.
Printed in the U.K. by (see last page)
ISBN: 978-3-8381-3024-8

Copyright © 2011 by the author and Südwestdeutscher Verlag für Hochschulschriften GmbH & Co. KG and licensors
All rights reserved. Saarbrücken 2011

Verwendete Symbole

Physikalische Größen

T, T_C, T_{cr}	–	Temperatur, CURIE-Temperatur, kritische Temperatur
p	–	Druck
t	–	Zeit
A	–	Fläche
d	–	Schicht-/Barrierendicke
r	–	Radius
U	–	elektrische Spannung
I, j, j_{cr}	–	Strom, Stromdichte, kritische Stromdichte
R	–	Widerstand
Y	–	Admittanz
C	–	Kapazität
σ	–	Leitfähigkeit
ϕ	–	elektrisches Potential
$\varphi, \varphi_0, \bar{\varphi}$	–	potentielle Energie, Barrierenhöhe, mittlere Barrierenhöhe
ψ	–	Austrittsarbeit
ϖ	–	Elektronenaffinität
μ	–	Beweglichkeit
m^*	–	effektive Masse des Elektrons
q	–	Ladung
ρ	–	Ladungsdichte
N	–	Teilchenzahldichte
$\mathcal{N}$	–	Zustandsdichte
$\mathcal{E}$	–	Energie
$F, \mathcal{F}$	–	freie Energie, Dichte der freien Energie
$E, \vec{E}$	–	elektrisches Feld (Betrag, Vektor)
$D, \vec{D}$	–	dielektrische Verschiebung (Betrag, Vektor)
$P, \vec{P}$	–	Polarisation (Betrag, Vektor)
$\chi, \hat{\chi}$	–	dielektrische Suszeptibilität (Betrag, Tensor)
$\varepsilon_r, \hat{\varepsilon}_r$	–	relative Permittivität (Betrag, Tensor)
ε_∞	–	Hochfrequenz-Permittivität
M	–	Atom-/Ionenmasse
v	–	Geschwindigkeit

$\vec{G}$	–	reziproker Gittervektor
θ_B	–	BRAGG-Winkel
d_{hkl}	–	Netzebenenabstand mit den MILLER'schen Indizes h, k, l
$\vec{k}$	–	Wellenzahlvektor
ω, f	–	Kreisfrequenz, Frequenz
λ	–	Wellenlänge
τ	–	Relaxationszeit
τ_P	–	Pulsdauer
$\delta, \tan\delta$	–	Verlustwinkel, Verlusttangens
ζ	–	Oberflächenrauheit
$\hat{\epsilon}, \epsilon_{ij}$	–	Dehnung (Tensor, Komponenten des Tensors)
$\hat{\varsigma}, \varsigma_{ij}$	–	mechanische Spannung (Tensor, Komponenten des Tensors)
ξ	–	Korrelationslänge der Polarisation
δ_ex	–	Extrapolationslänge
λ_TF	–	THOMAS-FERMI-Abschirmlänge
$\lambda_\mathrm{A}, \lambda_\mathrm{V}$	–	Ausdehnung der Akkumulationszone, Ausdehnung der Verarmungszone
λ_ϵ	–	Abklinglänge der mechanischen Spannung

Naturkonstanten

$e = 1{,}6021764874 \cdot 10^{-19}\,\mathrm{C}$	–	Elementarladung
$m = 9{,}1093821545 \cdot 10^{-31}\,\mathrm{kg}$	–	Ruhemasse des freien Elektrons
$k_\mathrm{B} = 1{,}380650424 \cdot 10^{-23}\,\mathrm{J/K}$	–	BOLTZMANN-Konstante
$\varepsilon_0 = 8{,}85418781762 \cdot 10^{-12}\,\mathrm{F/m}$	–	Permittivität des Vakuum
$h = 2\pi \cdot \hbar = 6{,}6260689633 \cdot 10^{-34}\,\mathrm{Js}$	–	PLANCK'sches Wirkungsquantum

Inhaltsverzeichnis

1. **Einleitung**   3
   1.1. Motivation 3
   1.2. Zielstellung und Ausblick 7

2. **Grundlagen**   9
   2.1. Stromtransport in dünnen Isolatorschichten 9
       2.1.1. Metall-Isolator-Kontakte 9
       2.1.2. Ladungsträgertransportmechanismen 11
   2.2. Dielektrische Festkörper 16
       2.2.1. Allgemeine Zusammenhänge 16
       2.2.2. Ferroelektrizität 18
   2.3. Materialsysteme 22
       2.3.1. Strontiumtitanat ($SrTiO_3$) 22
       2.3.2. Yttrium-Barium-Kupfer-Oxid ($YBa_2Cu_3O_{7-x}$) 25
       2.3.3. Lanthanaluminat ($LaAlO_3$) 28

3. **Experimentelle Methoden**   31
   3.1. Pulsed Laser Deposition 31
       3.1.1. Grundlagen 31
       3.1.2. Vakuumanlage für die Pulsed Laser Deposition 33
       3.1.3. Prozessführung zur Abscheidung epitaktischer Mehrschichtsysteme   35
   3.2. Dünnschichtanalytik 35
       3.2.1. Röntgendiffraktometrie 36
       3.2.2. Rutherford-Rückstreu-Spektrometrie 39
       3.2.3. Mikroskopie 40
   3.3. Elektrische Untersuchungen 42
       3.3.1. Verwendete Messsysteme 42
       3.3.2. Korrekturen der dielektrischen Response 44

4. **Probenpräparation**   49
   4.1. Optimierung der Abscheideparameter für YBCO 49
   4.2. Das Schichtsystem YBCO/STO 51
       4.2.1. Wahl der Abscheideparameter für STO 51
       4.2.2. Eigenschaften der YBCO-Schicht im System YBCO/STO 52
       4.2.3. Eigenschaften der STO-Schicht im System YBCO/STO 53
   4.3. Goldnanopartikel in YBCO-Schichten 56

Inhaltsverzeichnis

    4.3.1. Räumliche Verteilung 56
    4.3.2. Größenverteilung 58
    4.3.3. Kristallographische Eigenschaften 60
    4.3.4. Einsatz in supraleitenden Bauelementen 62
4.4. Kondensatorstrukturen für elektrische Untersuchungen 63

5. Ladungsträgertransport   65
5.1. Ladungsträgertransport für STO-Schichtdicken $d_{STO} > 30\,\text{nm}$ 66
    5.1.1. Allgemeine Beobachtungen 66
    5.1.2. Temperaturabhängigkeit der Permittivität 68
    5.1.3. Potentialbarriere 75
    5.1.4. Ladungsträgertransport im System YBCO/STO/YBCO 77
    5.1.5. Ladungsträgertransport im System YBCO/STO/Au 81
    5.1.6. Zusammenfassung 85
5.2. Ladungsträgertransport für STO-Schichtdicken $d_{STO} < 30\,\text{nm}$ 86
    5.2.1. Hopping über Ketten lokalisierter Zustände 86
    5.2.2. Coulomb-Blockaden 91

6. Zusammenfassung   99

Literaturverzeichnis   101

A. Anhang   121
A.1. Command-Line Tool zur Korrektur der Daten zur dielektrischen Response 121
A.2. Prozessierung der Kontaktstrukturen 123
A.3. ObjectiveC-Klasse zur Berechnung der Temperaturabhängigkeit der Permittivität 125

1. Einleitung

1.1. Motivation

Elektronische Bauelemente basierend auf Supraleitern haben trotz der Dominanz der Halbleiterelektronik eine Reihe spezieller Anwendungen für sich erobert. So sind sie aus dem Bereich der Mikrowellenelektronik heute nicht mehr wegzudenken. Aufgrund ihres geringen Oberflächenwiderstandes erreichen sie deutlich höhere Qualitätsfaktoren als Bauelemente aus normalleitenden Materialien oder erlauben eine höhere Miniaturisierung bei gleichem Qualitätsfaktor [1, 2]. Supraleitende Mikrowellenresonatoren, -filter und Phasenschieber spielen daher eine entscheidende Rolle insbesondere in der Kommunikationstechnik.

Eine Gruppe weiterer Anwendungen basieren wiederum auf JOSEPHSON-Effekten, die man an zwei durch einen so genannten *weak link* getrennten Supraleitern beobachten kann [3–5]. Supraleitende Quanteninterferometer (SQUID[1]) [6, 7] zum Beispiel dienen als hochsensitive Sensoren für die Messung von magnetischen Feldern und Strömen, mit deren Hilfe eine Auflösung am Quantenlimit möglich ist. Sie werden daher für die Untersuchung biomagnetischer Felder, in der zerstörungsfreien Werkstoffprüfung, Mikroskopie und geophysikalischen Prospektion eingesetzt [7]. Weiterhin wird der JOSEPHSON-Effekt für die Realisierung von Spannungsnormalen und JOSEPHSON-Oszillatoren als Strahlungsquellen bis in den Terahertz-Bereich genutzt [8–11].

Darüber hinaus soll nicht unerwähnt bleiben, dass mithilfe von supraleitenden Bauelementen auch Computer-Logiken entwickelt werden können. Diese können auf Schaltelementen aus einem supraleitenden Film, JOSEPHSON-Kontakten oder SQUIDs bestehen, die durch einen elektrischen Steuerstrom in den widerstandsbehafteten Zustand betrieben werden (Cryotron) [12]. Viel erfolgreicher zeigte sich jedoch die RSFQ[2]-Logik. Hier werden Spannungspulse ausgenutzt, die beim Anlegen eines Biasstromes an unterdämpften JOSEPHSON-Kontakten knapp über deren kritischen Strom entstehen. So können Taktraten im Bereich um 1 THz bei vergleichsweise geringer Leistungsaufnahme erreicht werden [8, 13].

Alle bisher genannten Anwendungen arbeiten entweder passiv, oder die Charakteristik des Bauelementes wird aktiv durch Variation eines magnetischen Flusses (aufgrund eines äußeren Feldes oder induziert durch einen Steuerstrom) beeinflusst. Daneben existieren jedoch eine Reihe von Bauelementkonzepten, die auf einer Beeinflussung des Supraleiters mittels eines elektrischen Feldes basieren. Diese Konzepte bilden den Ausgangspunkt für

---

[1]SQUID – engl. *Superconducting Quantum Interference Device*.
[2]RSFQ – engl. *Rapid Single Flux Quantum*.

1. Einleitung

diese Arbeit. Im Folgenden sollen daher die grundlegenden physikalischen Zusammenhänge und Voraussetzungen für eine Realisierung solcher Bauelemente kurz zusammengefasst werden.

Feldeffekttransistoren Ein Feldeffekttransistor besteht aus einem Drain-Source-Kanal und einem Gate, das über einen geeigneten Isolator an den Drain-Source-Kanal gekoppelt ist. Durch Anlegen einer Spannung an das Gate kann die Ladungsträgerdichte und damit der Widerstand zwischen Drain und Source gesteuert werden. Überträgt man dieses Prinzip auf Supraleiter (SuFET), müssen einige Besonderheiten beachtet werden. Aufgrund der hohen Ladungsträgerdichte wird das elektrische Feld sehr effektiv abgeschirmt. Es klingt exponentiell auf einer typischen Länge ab, die über die THOMAS-FERMI-Abschirmlänge λ_{TF} gegeben ist. Für den Hochtemperatursupraleiter Yttrium-Barium-Kupfer-Oxid kann hier ein Wert von $\lambda_{TF} = (0{,}5\ldots 1{,}0)$ nm angegeben werden [14]. Eine Steuerung der Ladungsträgerkonzentration und supraleitenden Eigenschaften ist nur innerhalb dieser dünnen Schicht unter dem Gate möglich[3]. Um also einen hinreichend großen Effekt zwischen Drain und Source messen zu können, darf die gesamte Schichtdicke des Kanals nicht viel größer sein als λ_{TF}.

Eine weitere Anforderung muss an den Gate-Isolator gestellt werden. Die Eingangsspannung, die nötig ist, um den Drain-Source-Kanal an Ladungsträgern zu verarmen, hängt linear von dessen Dicke und der Dicke des Gate-Isolators ab. Um eine möglichst kleine Eingangsspannung zu ermöglichen, muss man also beide Größen möglichst klein wählen. Zudem sollte der Gate-Isolator eine möglichst hohe Permittivität ε_r haben. In Verbindung mit Yttrium-Barium-Kupfer-Oxid eignen sich perowskitische Isolatoren wie $SrTiO_3$ oder $Ba_xSr_{1-x}TiO_3$ besonders, da sie sich neben einer hohen Permittivität (insbesondere bei tiefen Temperaturen) auch durch eine gute Gitteranpassung und chemische Kompatibilität auszeichnen.

Nachteilig an diesem Konzept ist, dass aufgrund von mechanischen Spannungen, Defekten und einer starken Feldabhängigkeit von ε_r in dünnen Schichten kaum die Permittivitäten erreicht werden können, die für eine ausreichend hohe Spannungsverstärkung notwendig wären. Es hat sich außerdem gezeigt, dass für diesen einfachen Aufbau die Schaltgeschwindigkeit wesentlich durch die Gate-Ladezeit und Driftgeschwindigkeit des Supraleiters bestimmt ist [15] und damit Taktraten von 1 GHz kaum überschritten werden können.

Diese Probleme können zumindest zum Teil umgangen werden, indem man dem Drain-Source-Kanal einen *weak link* hinzufügt (JOSEPHSON-Feldeffekttransistor – JoFET). Im Falle von Hochtemperatursupraleitern kann dieser sehr einfach als Korngrenzenkontakt ausgeführt werden[4]. Die Gatespannung steuert damit die Eigenschaften (kritischer Strom

---
[3]Dazu muss weiterhin die Bedingung erfüllt sein, dass die Abschirmlänge in der Größenordnung der Kohärenzlänge des Supraleiters liegt ($\lambda_{TF}(T) \geq \xi_{SL}(T)$). Diese Bedingung ist für Hochtemperatursupraleiter meist erfüllt, insbesondere, wenn man die Anisotropie der Kohärenzlänge ausnutzt.
[4]Häufig werden aber auch Halbleitermaterialien verwendet, um die nötige schwache Kopplung zwischen den Supraleitern herzustellen. Aufgrund der geringeren Ladungsträgerdichte kann so der Feldeffekt noch verstärkt werden [16–18].

1.1. Motivation

und dessen Abhängigkeit von äußeren magnetischen Feldern) des so entstandenen JOSEPHSON-Kontaktes. Aufgrund der geringeren Ladungsträgerdichte wird hier ein deutlich größerer Feldeffekt beobachtet als bei homogenen Schichten. Darüber hinaus sind die Driftdistanzen und Gate-Kapazitäten deutlich geringer. Damit kann auch eine höhere Taktfrequenz erreicht werden. Ungelöst bleibt allerdings das Problem der Spannungsverstärkung. Die Ausgangsspannung ist auf das $I_C R_N$-Produkt des JOSEPHSON-Kontaktes beschränkt und beträgt damit nur einige Millivolt.

Die Steuerwirkung eines JoFETs kann darüber hinaus in SQUIDs und JOSEPHSON-Kontaktarrays eingesetzt werden. Auf diese Weise lassen sich zum Beispiel justierbare Sensoren realisieren [19] oder es kann die Synchronisation von Arrays unterstützt werden.

Quasi-Teilchen-Injektion Durch die Injektion oder Extraktion von Quasi-Teilchen über geeignete Tunnelkontakte kann ein Supraleiter in ein dynamisches Gleichgewicht außerhalb des thermischen Gleichgewichts getrieben werden, wodurch sich dessen Eigenschaften, wie zum Beispiel die Größe der Energielücke beeinflussen lassen. Um diesen Effekt genauer zu verstehen, muss man das Quasi-Teilchen-Nichtgleichgewicht in einem Supraleiter genauer betrachten.

Ein-Teilchen-Anregungen aus dem supraleitenden Grundzustand sind durch die Gleichung $\mathcal{E}_k = \sqrt{\Delta^2 + \varrho_k^2}$ gegeben, wobei Δ die Energielücke und ϱ_k die Energie eines Elektrons im Zustand k relativ zur FERMI-Energie ist. Die Besetzungswahrscheinlichkeit im thermischen Gleichgewicht wird durch die FERMI-Funktion $f_0 = [1 + \exp(\mathcal{E}_k/k_\mathrm{B}T)]^{-1}$ beschrieben. Unter Nichtgleichgewichtsbedingungen verändert sich die Besetzung der Quasi-Teilchen-Anregungen. Bezeichnet man die neue Verteilungsfunktion mit $f_k \neq f_0$, so wird im Rahmen der BARDEEN-COOPER-SCHRIEFFER-Theorie ersichtlich, dass sich damit auch der Wert der Energielücke verändert [20, 21].

Die Beschreibung des Nichtgleichgewichtes über die Vielzahl von f_k-Verteilungen ist sehr unpraktisch. Zur Vereinfachung führt man daher die Parameter T^* und Q^* ein, die jeweils die Nichtgleichgewichtstemperatur und Quasi-Teilchen-Ladungsdichte beschreiben. Diese Beschreibung lässt sich daraus ableiten, dass man einen willkürlichen Satz von Abweichungen vom Gleichgewichtszustand $\{\delta f_k\}$ mit $\delta f_k \equiv f_k - f_0(\mathcal{E}_k/k_\mathrm{B}T)$ als Summe zweier orthogonaler Komponenten schreiben kann, die eine gleichmäßige und ungleichmäßige Besetzung der elektron- und lochartigen Zustände relativ zur FERMI-Fläche hervorrufen. Letztere führt dabei zu einer entgegengesetzten Verschiebung des chemischen Potentials der COOPER-Paare[5] und der Quasi-Teilchen aus ihrem gemeinsamen Gleichgewichtswert, um elektrische Neutralität zu erhalten.

Die gleichmäßige Komponente (oder auch *energy mode*) bewirkt also eine Umbesetzung der Zustände, die vergleichbar mit einer Temperaturänderung ist. So kann eine effektive Quasi-Teilchen-Temperatur definiert werden, sodass $\Delta(T^*) = \Delta(\{f_k\})$ gilt. Dieses Ungleichgewicht wird hauptsächlich durch ungeladene Störungen wie Photonen und Phononen verursacht, spielt jedoch auch bei der Quasi-Teilchen-Injektion durch

---
[5]COOPER-Paare: Gebundener Zustand zweier Elektronen, Ladungsträger der Supraleitung.

1. Einleitung

eine Tunnelbarriere eine Rolle. Bei hinreichend langer Relaxationszeit des Nichtgleichgewichtszustands $\tau_{T^*} \approx 3{,}7\tau_E k_B T/\Delta$ und hoher Injektionsrate (erfordert eine dünne Tunnelbarriere) kann ein Zustand erreicht werden, in dem $\sum_k \delta f_k > 0$ ist. Somit können die Energielücke, die kritische Temperatur und die kritische Stromdichte herabgesetzt werden [22–24], womit ein transistorartiges Schalten eines supraleitenden Kanals möglich wird. Die Zeit τ_E ist die inelastische Relaxationszeit eines Elektrons an der FERMI-Fläche und ist damit ein Maß für die Zeit, in der sich f_k der FERMI-Funktion nähert.

Eine weiterführende Beschreibung von Nichtgleichgewichts-Effekten in Supraleitern kann Ref. [20] entnommen werden. Am Rande sei hier noch erwähnt, dass eine Ladungsträgerinjektion in hochtemperatursupraleitenden Kupraten die Dotierung der Ladungsträgerreservoirs zwischen den supraleitenden Kupferoxidebenen dauerhaft verändern kann. Auf diese Weise kann die kritische Temperatur, der kritische Strom und der c-Achsen-Transport intrinsischer JOSEPHSON-Kontakte in diesen Materialien gesteuert werden [25].

Wechselwirkung zwischen Polarisation und Supraleitung In der Literatur wird sehr vielfältig über die Möglichkeit einer Wechselwirkung zwischen Supraleitung und den dielektrischen Eigenschaften eines Ferroelektrikums in dünnen Mehrschichtsystemen diskutiert. Eine solche Wechselwirkung würde die Entwicklung neuer Konzepte zur Steuerung der Supraleitung mithilfe eines Ferroelektrikums oder umgekehrt ermöglichen. So wurde von einigen Autoren ein Anstieg in der Permittivität mit sinkender Temperatur im Bereich des supraleitenden Phasenübergangs beobachtet. Dies wurde mit einer Änderung des Dehnungszustandes [26, 27] oder inhomogenen SCHOTTKY-Barrieren an der Grenzfläche zwischen Supraleiter und Ferroelektrikum erklärt [28]. Obwohl auch andere Interpretationen der gemessenen Effekte möglich sind, können theoretische Modelle grundsätzlich einen Zusammenhang zwischen Supraleitung und Ferroelektrizität ableiten. So konnten PAVLENKO et al. [29] anhand eines phänomenologischen Modells zeigen, dass der supraleitende Ordnungsparameter eine spontane Polarisation in einem Ferroelektrikum hervorrufen kann. Dieser Effekt ist jedoch auf eine dünne Schicht an der Grenzfläche zwischen Supraleiter und Ferroelektrikum in der Größenordnung der ferroelektrischen Kohärenzlänge begrenzt.

LÜBCKE et al. [30] haben darüber hinaus in temperaturabhängigen Röntgenuntersuchungen an dünnen Yttrium-Barium-Kupfer-Oxid-Schichten eine deutliche Dehnungsänderung im Strontiumtitanat-Substrat beobachtet, die bei der kritischen Temperatur beginnt und mit sinkender Temperatur zunimmt[6]. Zeitaufgelöste *pump-and-probe*-RÖNTGENdiffraktometrieexperimente an der selben Probe haben gezeigt, dass das Aufbrechen der COOPER-Paare eine sehr schnelle (einige 100 fs) Reaktion im Strontiumtitanat-Gitter hervorruft, ohne dass das Substrat direkt angeregt wird. Dies legt nahe, dass der supraleitende Zustand des Yttrium-Barium-Kupfer-Oxid eine piezoelektrische oder

---

[6]Im Gegensatz dazu wurde der Effekt auf die Permittivität in Ref. [26–28] bereits 10 K oberhalb der kritischen Temperatur beobachtet.

ferroelektrische Reaktion im Strontiumtitanat hervorruft. Allerdings konnte bisher noch keine vollständige Erklärung für die genannten Beobachtungen gefunden werden.

1.2. Zielstellung und Ausblick

Die technische Umsetzung der aufgeführten Bauelementkonzepte mit Hochtemperatursupraleitern erfordert eine detaillierte Kenntnis über die elektrischen Eigenschaften nicht nur des Supraleiters, sondern insbesondere auch des Isolators. In dieser Arbeit soll daher das Strontiumtitanat in Verbindung mit dem Hochtemperatursupraleiter Yttrium-Barium-Kupfer-Oxid genauer untersucht werden. Aufgrund der guten Gitteranpassung und ähnlicher thermischer Ausdehnung zwischen beiden Materialien können qualitativ hochwertige epitaktische Schichtsysteme realisiert werden. Dies ist notwendig, um eine Degradation der elektrischen Eigenschaften zu minimieren. Grundsätzlich zeichnet sich Strontiumtitanat zudem durch eine hohe Permittivität für die Verwendung als Gate-Isolator in JoFETs insbesondere bei tiefen Temperaturen aus. Es kann als Tunnelbarriere für die Quasi-Teilchen-Injektion eingesetzt werden und zeigt eine hohe, unter besonderen Bedingungen schaltbare Polarisation, die wie beschrieben, den supraleitenden Ordnungsparameter beeinflussen kann.

In der Literatur herrscht jedoch eine große Uneinigkeit über den Ladungsträgertransport in Strontiumtitanat und verwandten Materialien. Das Hauptaugenmerk dieser Arbeit liegt daher in der Aufklärung des dominierenden Ladungsträgertransportprozesses in einem weiten Temperaturbereich um die typische Einsatztemperatur der beschriebenen Bauelemente (Temperatur des flüssigen Stickstoffs). In diesem Zusammenhang wird näher auf den Einfluss mechanischer Spannungen aufgrund der Gitterfehlanpassung eingegangen.

In **Kapitel 2** werden die dazu notwendigen Grundlagen kurz dargestellt. Dabei liegt der Schwerpunkt auf der Erläuterung allgemeiner Modelle zum Ladungsträgertransport durch Isolatoren und der phänomenologischen Beschreibung von Ferroelektrika. Ein weiterer Abschnitt wird sich mit den kristallographischen und elektrischen Eigenschaften der wichtigsten Materialsysteme befassen, die bei der Herstellung der zu untersuchenden Kontaktstrukturen und der Auswertung der Messdaten von Bedeutung sind.

Anschließend werden in **Kapitel 3** die Methoden der Schichtherstellung und -analyse beschrieben. Neben den theoretischen Grundlagen soll hier insbesondere der konkrete Aufbau der verwendeten Anlagen und die Prozessabfolge erläutert werden. Zudem werden das Messsystem für die elektrischen Untersuchungen und die wichtigsten Methoden zur Auswertung der Messdaten vorgestellt.

Neben der eigentlichen elektrischen Charakterisierung der Strontiumtitanat-Schichten wurde im Rahmen dieser Arbeit die Probenherstellung optimiert. Dazu befasst sich das **Kapitel 4** zunächst mit der notwendigen Anpassungen der Schichtabscheidung an die Erfordernisse der Herstellung von epitaktischen Mehrlagensystemen. Anschließend wird kurz die Strukturierung der Schichtsysteme beschrieben. Diese konnte durch die Entwicklung einer Technologie zum lokalen Einbau von Goldnanopartikeln deutlich vereinfacht

1. Einleitung

werden. Es werden sowohl der Bildungsprozess dieser Partikel als auch der Einfluss dieser Partikel auf des Wachstum der Yttrium-Barium-Kupfer-Oxid-Schichten diskutiert.

Die Ladungsträgertransporteigenschaften des Systems Yttrium-Barium-Kupfer-Oxid/Strontiumtitanat wird sowohl für Gold als auch für Yttrium-Barium-Kupfer-Oxid als Deckelektrode in **Kapitel 5** ausführlich diskutiert. Dazu werden die Grenzen bestehender Modelle aufgezeigt und sukzessive ein neuer Ansatz für die Beschreibung des Transportes entwickelt. Es wird der Einfluss der elektrischen und mechanischen Randbedingungen auf die Strontiumtitanat-Barriere diskutiert und insbesondere Ergebnisse der Untersuchung der dielektrischen Response zur Modellbildung herangezogen. Darüber hinaus werden neue Erkenntnisse zum Tunneltransport in sehr dünnen Schichten beschrieben.

Das **Kapitel 6** fasst die Ergebnisse und Erkenntnisse der Arbeit in Bezug auf den Einsatz des Systems Yttrium-Barium-Kupfer-Oxid/Strontiumtitanat in supraleitenden Bauelementen zusammen.

2. Grundlagen

2.1. Stromtransport in dünnen Isolatorschichten

Der Ladungsträgertransport durch eine dünne Isolatorschicht wird durch zwei Faktoren grundlegend beeinflusst. Zum einen ist dies die Leitfähigkeit der Schicht selbst, die durch die Dichte der freien Ladungsträger und deren Mobilität gegeben ist. Da bei hinreichend großer Bandlücke die Eigenleitung im Allgemeinen vernachlässigt werden kann, wird die Leitfähigkeit hauptsächlich durch die Defektstruktur bestimmt. Punktdefekte spielen dabei eine große Rolle. Fremdatome, die sowohl aus Verunreinigungen des Targetmaterials, als auch aus dem Rest- oder Arbeitsgas in der Vakuumanlage stammen können, wirken häufig als Donator- oder Akzeptor-Zustände. Aber auch intrinsische Defekte wie Vakanzen können freie Ladungsträger in der Schicht erzeugen.

Darüber hinaus können Punktdefekte – wie positive interstitielle Ionen oder Vakanzen negativer Ionen – auf Grund von lokalen Störungen des periodischen Gitterpotentials lokalisierte Zustände bilden [31]. Diese wiederum wirken als Traps, können also freie Elektronen „einfangen" und damit immobilisieren[1]. In Schichten mit besonders hoher Defektkonzentration (meist in amorphen Materialien) können kontinuierliche Zustandsdichten unterhalb der Leitungsbandkante existieren, in denen alle Zustände lokalisiert sind [32, 33].

Der zweite transportlimitierende Faktor muss insbesondere bei dünnen Schichten berücksichtigt werden. An der Grenzfläche zwischen dem Isolator und den Elektroden formieren sich Potentialbarrieren, die die Ladungsträger überwinden müssen, um zum Stromfluss beizutragen. Im Folgenden werden grundlegende Barriereformen und deren Auswirkung auf den Ladungsträgertransport diskutiert.

2.1.1. Metall-Isolator-Kontakte

Für die folgenden Betrachtungen soll angenommen werden, dass der Stromfluss durch den Isolator im Wesentlichen durch Elektronen getragen wird[2]. Kommt dieser Isolator in Kontakt mit einem Metall, kommt es im thermischen Gleichgewicht zu einer Bandverbiegung, sodass Vakuum- und FERMI-Niveau an der Grenzfläche kontinuierlich übergehen. Dies wird durch eine Diffusion von Ladungsträgern zwischen Elektrode und Isolator erreicht. In hinreichend großer Entfernung zum Kontakt muss die Differenz zwischen FERMI- und Vakuum-Niveau wieder der Austrittsarbeit des Isolators ψ_i entsprechen.

---

[1] Dies gilt analog auch für Löcher.
[2] Diese Annahme ist in den meisten Fällen gerechtfertigt, da Löcher in den meisten Isolatoren eine sehr geringe Mobilität und hohe Trapping-Wahrscheinlichkeit aufweisen.

2. Grundlagen

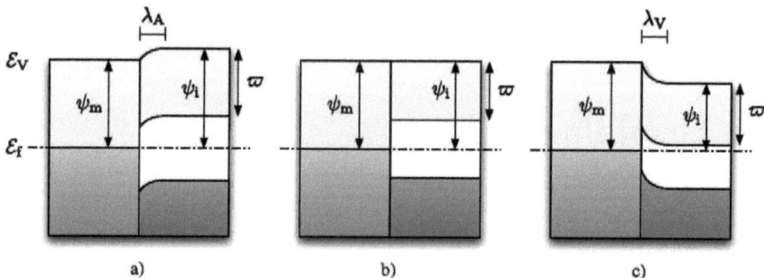

Abbildung 2.1.: Schematische Banddiagramme für a) einen OHM'schen Kontakt, b) einen neutralen Kontakt und c) einen blockierenden Kontakt. Die Strichpunktlinie zeigt die Lage des FERMI-Niveau $\mathcal{E}_f$ an und $\mathcal{E}_V$ ist das Vakuum-Niveau.

Die dadurch entstehende Potentialbarriere erstreckt sich dann vom FERMI-Niveau der Elektrode zur Unterkante des Leitungsbandes des Isolators. Die Barrierenhöhe errechnet sich dann zu[3]:

$$\varphi_0 = \psi_m - \varpi ,\qquad(2.1)$$

wobei ψ_m die Austrittsarbeit des Metalls und ϖ die Elektronenaffinität des Isolators ist. Entscheidend für den Ladungsträgertransportmechanismus ist jedoch nicht die Barrierenhöhe allein, sondern insbesondere die Art des Kontaktes (siehe Abb. 2.1).

Ohm'scher Kontakt Ein OHM'scher Kontakt bildet sich, wenn die Austrittsarbeit des Metalls ψ_m kleiner ist als die des Isolators. In diesem Fall diffundieren Elektronen aus der Elektrode in den Isolator und bilden eine Raumladungszone, die auch als Akkumulationszone bezeichnet wird. Im Metall bildet sich im Gegenzug eine positive Raumladungszone, die sich aber aufgrund der hohen Ladungsträgerkonzentration auf eine dünne Oberflächenschicht beschränkt. Aus der Akkumulationszone stehen nun freie Ladungsträger für einen effektiven Stromfluss zur Verfügung. Ihre Ausdehnung λ_A in den Isolator ist dabei gegeben durch [34]:

$$\lambda_A = \frac{\pi}{2}\left(\frac{2k_B T \varepsilon_r \varepsilon_0}{e^2 N_t}\right)^{1/2} \exp\left(\frac{\psi_i - \varpi - \mathcal{E}_t}{2k_B T}\right) .\qquad(2.2)$$

Hier bezeichnen N_t die Trapdichte, $\mathcal{E}_t$ deren Energie bezogen auf die Unterkante des Leitungsbandes, ψ_i die Austrittsarbeit des Isolators, ε_r die relative Permittivität des Isolators und ε_0 die Permittivtät des Vakuums.

---
[3] Oberflächenzustände werden hier vernachlässigt.

Neutraler Kontakt Sind die Austrittsarbeiten von Metall und Isolator gleich groß, bildet sich ein neutraler Kontakt. Zur Anpassung von Vakuum- und FERMI-Niveau ist kein Ladungsträgeraustausch notwendig, und es bilden sich keine Raumladungszonen aus.

Blockierender Kontakt Für $\psi_m > \psi_i$ wird sich ein thermisches Gleichgewicht einstellen, indem Elektronen aus dem Isolator hinaus diffundieren. Es bildet sich ähnlich wie beim OHM'schen Kontakt auch eine Raumladungszone, die hier allerdings eine Verarmungszone darstellt. An der Elektrode bildet sich dann eine negative Oberflächenladung aus, um insgesamt Neutralität zu gewährleisten. Die Ausdehnung der Verarmungszone λ_V hängt sowohl von der Donatordichte N_d, als auch von einer angelegten Spannung U ab[4]. Sie berechnet sich zu [34]:

$$\lambda_V = \left(\frac{2\left(\psi_m - \psi_i + eU\right)\varepsilon_r\varepsilon_0}{e^2 N_d} \right)^{1/2}. \qquad (2.3)$$

Die so entstandene Barriere wird häufig auch als SCHOTTKY-Barriere bezeichnet.

2.1.2. Ladungsträgertransportmechanismen

Für die Stromdichte durch einen Isolator kann unter der Annahme einer parabolischen Elektronen-Dispersionsrelation folgende allgemeine Gleichung angegeben werden [35]:

$$j = 4\pi \frac{em^*}{h^3} \int_0^\infty d\mathcal{E}\left(f_c(\mathcal{E}) - f_a(\mathcal{E})\right) \int_0^{\mathcal{E}} \mathcal{T}(\mathcal{E}_x) d\mathcal{E}_x. \qquad (2.4)$$

Die Elektronenverteilungen an Kathode f_c und Anode f_a sind dabei wie folgt gegeben:

$$f_c = \frac{1}{1 + \exp\left(\frac{\mathcal{E}-\mathcal{E}_f}{k_B T}\right)} \quad \text{und} \quad f_a = \frac{1}{1 + \exp\left(\frac{\mathcal{E}+eU-\mathcal{E}_f}{k_B T}\right)}$$

mit $\mathcal{E}_f$ der FERMI-Energie des Isolators, e der Ladung des Elektrons, m^* der effektiven Masse der Elektronen, h des PLANCK'schen Wirkungsquantums, k_B der BOLTZMANN-Konstanten und T der Temperatur. In Abhängigkeit von der jeweiligen Schichtdicke d wird der Ladungstransport von einer Elektrode zur anderen über unterschiedliche Transportmechanismen stattfinden. Durch Auswertung von Gl. (2.4) unter Berücksichtigung einer dem Prozess angepassten Transmissionswahrscheinlichkeit $\mathcal{T}(\mathcal{E}_x)$ können Ausdrücke gefunden werden, die die zugehörige Spannungs- und Temperaturabhängigkeit der Stromdichte beschreiben. Im Folgenden soll auf die wichtigsten Transportmechanismen näher eingegangen werden.

---

[4]Es kann in guter Näherung angenommen werden, dass die gesamte Spannung über der Verarmungszone abfällt, da hier die Leitfähigkeit im Vergleich zum übrigen Isolator deutlich herabgesetzt ist.

2. Grundlagen

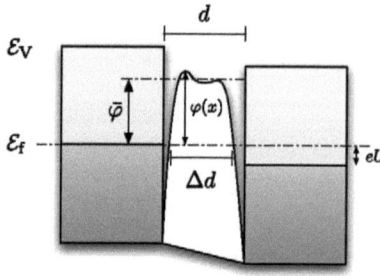

Abbildung 2.2.:
Schematische Darstellung des Banddiagramms einer beliebigen Tunnelbarriere zur Erläuterung der Größen: $\varphi(x)$ Barrierenhöhe am Ort x, $\bar{\varphi}$ mittlere Barrierenhöhe, d Abstand zwischen den Elektroden und Δd effektive Barrierendicke, die insbesondere durch Spiegelladungseffekte von der Isolatorschichtdicke abweichen kann.

Tunneltransport

Für sehr dünne Isolatorschichten können die Ladungsträger direkt von einer zur anderen Elektrode tunneln. Die Stromdichte kann dann nach Gl. (2.4) berechnet werden, indem man die Transmissionswahrscheinlichkeit $\mathcal{T}(\mathcal{E}_x)$ mithilfe der SCHRÖDINGER-Gleichung bestimmt. Meist wird dabei die WKB-Näherung angewendet [36–38]. Für die Abhängigkeit der Stromdichte von angelegter Spannung und Temperatur bei einer mittleren Barrierenhöhe $\bar{\varphi}$ und einer Barrierenbreite Δd (siehe Abb. 2.2) erhält man dann [34, 35, 39, 40]:

$$\frac{j(U,T)}{j(U,0)} = \frac{\pi \Lambda k_\mathrm{B} T / 2\bar{\varphi}^{1/2}}{\sin\left(\pi \Lambda k_\mathrm{B} T / 2\bar{\varphi}^{1/2}\right)} \approx 1 + \frac{4}{3}\pi^4 \frac{m^*}{h^2} k_\mathrm{B}^2 \frac{(\Delta d T)^2}{\bar{\varphi}} \tag{2.5}$$

mit
$$j(U,0) = \left(\frac{e}{2\pi h \Delta d^2}\right) \left[\bar{\varphi} e^{-\Lambda \bar{\varphi}^{1/2}} - (\bar{\varphi} + eU)\, e^{-\Lambda(\bar{\varphi}+eU)^{1/2}}\right] \tag{2.6}$$

und $\Lambda = 4\pi \Delta d \sqrt{2m^*}/h$. Der Tunnelstrom ist damit nur sehr schwach temperaturabhängig. Für sehr große Spannungen kann man zeigen, dass der Tunnelstrom bei $T=0$ die folgende Form annimmt[5] [34, 41, 42]:

$$j = \kappa a \frac{E^2}{\bar{\varphi}} \exp\left(-\nu b \frac{\bar{\varphi}^{3/2}}{E}\right), \tag{2.7}$$

wobei E ein gleichförmiges angelegtes Feld ist und $a = e^3/8\pi h$ sowie $b = (8\pi/3)\sqrt{2m^*}/eh$. Die Faktoren κ und ν hängen von der jeweiligen Form der Barriere und den verwendeten Näherungen ab.

Mit steigender Schichtdicke sinkt die Transmissionswahrscheinlichkeit für direkt tunnelnde Elektronen exponentiell ab. Allerdings können lokalisierte Zustände in der Nähe des FERMI-Niveaus in der Barriere die Tunneldistanz verkürzen und zur Resonanztunnelung führen [43–45]. Für Schichtdicken viel größer als die Lokalisierungslänge α^{-1} eines

---
[5] Allgemeine Formulierung der FOWLER-NORDHEIM-Gleichung.

2.1. Stromtransport in dünnen Isolatorschichten

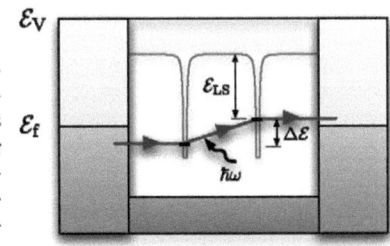

Abbildung 2.3.:
Schematische Darstellung eines inelastischen Hopping-Prozesses über lokalisierte Zustände. Dieser Prozess ist verbunden mit der Absorption (oder Emission) eines Phonons mit der Energie $\hbar\omega$. Mit $\mathcal{E}_{LS}$ ist hier die Lage des lokalisierten Zustands unterhalb der Leitungsbandkante bezeichnet.

solchen Zustandes werden Hopping-Prozesse die Leitfähigkeit eines Isolators dominieren. Inelastische Prozesse können für vergleichsweise dünne Schichtdicken noch vernachlässigt werden. Die Leitfähigkeit für sehr geringe Spannungen[6] kann dann wie folgt angegeben werden [46]:

$$\sigma_1^{res} = \frac{\pi e^2}{h}\mathcal{N}_{LS}A\alpha^{-1}\mathcal{E}_{LS}e^{-\alpha d} = \hat{\sigma}_1^{res}e^{-\alpha d} \; . \tag{2.8}$$

Hier ist $\mathcal{N}_{LS}$ die Zustandsdichte der lokalisierten Zustände, A die Fläche des Tunnelkontaktes und $\mathcal{E}_{LS}$ die Bindungsenergie des Zustandes, die hier etwa gleich der mittleren Barrierenhöhe ist.

Für größere Schichtdicken können Tunnel-Prozesse auch über Ketten von lokalisierten Zuständen stattfinden. Bei endlichen Temperaturen werden diese Prozesse zusätzlich durch inelastische Streuung an Phononen beeinflusst. Das Prinzip eines solchen inelastisches Hopping-Prozesses nach GLAZMAN und MATVEEV [47] ist in Abb. 2.3 dargestellt. Die Leitfähigkeit über n lokalisierte Zustände zeigt dann folgende Abhängigkeiten von Temperatur und Spannung [46, 47]:

$$\sigma_n^{hop}(T) \propto T^{(n^2+n-2)/(n+1)}d^{n-1}\exp\left(-\frac{2\alpha d}{n+1}\right) \qquad eU \ll k_B T \; , \tag{2.9}$$

$$\sigma_n^{hop}(U) \propto U^{(n^2+n-2)/(n+1)}d^{n-1}\exp\left(-\frac{2\alpha d}{n+1}\right) \qquad eU \gg k_B T \; . \tag{2.10}$$

Damit lässt sich nun die gesamte Leitfähigkeit eines Tunnelkontaktes als Summe aller betrachteten Tunnelprozesse berechnen:

$$\sigma_\Sigma = \sigma_0^{dir} + \sigma_1^{res} + \sum_{n=2}\sigma_n^{hop}(T,U) \; . \tag{2.11}$$

Die betrachteten Hopping-Prozesse zeigen ihre höchste Leitfähigkeit mit den beschriebenen Abhängigkeiten genau dann, wenn die Kette von Zuständen exakt senkrecht zur Kontaktoberfläche verläuft und die Zustände alle den gleichen Abstand zueinander haben. Dieses Modell liefert für zu große Schichtdicken keine physikalisch sinnvollen Lösungen mehr. Ab einer Schichtdicke viel größer als eine typische Hopping-Länge l_{VRH}

---
[6]sogenannte *zero-bias*-Leitfähigkeit.

2. Grundlagen

dominiert das Variable Range Hopping (VRH) die Tunnelleitfähigkeit des Isolators. Mit sinkender Temperatur vergrößert sich diese Hopping-Länge proportional zu $T^{-1/4}$. Damit ergibt sich die Leitfähigkeit zu [32, 46]:

$$\sigma_{\text{VRH}}(T) = \sigma_0 \exp\left[-\left(\frac{T^*}{T}\right)^{1/4}\right] \quad (2.12)$$

mit $k_{\text{B}}T^* = 23/(\mathcal{N}_{\text{LS}}\alpha^{-3})$. In ähnlicher Weise kann die Abhängigkeit der Stromdichte vom angelegten elektrischen Feld angegeben werden [32, 46]:

$$j_{\text{VRH}}(T) = j_0 \exp\left[-\left(\frac{E^*}{E}\right)^{1/4}\right], \quad (2.13)$$

wobei $E^* = k_{\text{B}}T^*/(e\alpha^{-1})$.

Thermionische Emission

Thermionische Emission ist ein elektroden-limitierter Transportmechanismus, den man an neutralen oder blockierenden Kontakten beobachtet, wenn die Schichtdicke des Isolators zu groß ist, als dass Tunnelprozesse signifikant zum Stromfluss beitragen können. Ladungsträger können dann die Barriere an der Grenzfläche zum Isolator nur durch thermische Anregung überwinden. Die resultierende Stromdichte ist durch die RICHARDSON-Gleichung gegeben[7] [34]:

$$j = A^*T^2 \exp\left(-\frac{\varphi}{k_{\text{B}}T}\right), \quad (2.14)$$

mit der RICHARDSON-Konstanten $A^* = 4\pi m e k_{\text{B}}^2/h^3$.

Elektronen, die die Barriere überwunden haben, können nun die Elektrode polarisieren. Aus diesem Grund muss zusätzlich die potentielle Energie dieser Elektronen aufgrund ihrer Bildladung beachtet werden. Dies führt zu einer „Verrundung" und damit zu einer Spannungsabhängigkeit der Barriere (siehe Abb. 2.4). Die spannungsabhängige Stromdichte für einen neutralen Kontakt ist dann durch die RICHARDSON-SCHOTTKY-Gleichung gegeben [34]:

$$j = A^*T^2 \exp\left(-\frac{\varphi_0}{k_{\text{B}}T}\right) \exp\left(\frac{\beta_{\text{S}}\sqrt{E}}{k_{\text{B}}T}\right), \quad (2.15)$$

wobei $\beta_{\text{S}} = \sqrt{\frac{e^3}{4\pi\varepsilon_\infty\varepsilon_0}}$ mit der Permittivität bei hohen Frequenzen ε_∞.

---
[7] Die RICHARDSON-Gleichung ergibt sich direkt aus Gl. (2.4), wenn die untere Grenze der Integration über d$\mathcal{E}_x$ auf φ und $\mathcal{T}(\mathcal{E}_x) \equiv 1$ gesetzt wird.

2.1. Stromtransport in dünnen Isolatorschichten

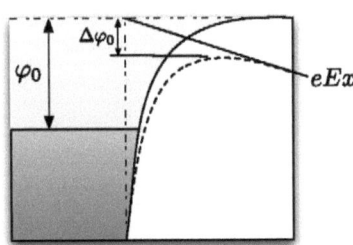

Abbildung 2.4.:
Banddiagramm eines neutralen Kontaktes unter Berücksichtigung von Spiegelladungseffekten bei der thermionischen Emission von Ladungsträgern ins Leitungsband.

Poole-Frenkel Effekt

Der POOLE-FRENKEL-Effekt wird häufig auch als Bulk-Analogon zur thermionischen Emission an Metall-Isolator-Kontakten bezeichnet. Mit diesem Effekt wird ursprünglich die Absenkung des COULOMB-Potentials von Dotierungs-Zentren durch ein äußeres Feld beschrieben, er wird daher auch als feldunterstützte thermische Ionisation bezeichnet. Mit wachsendem elektrischen Feld steigt damit auch die Leitfähigkeit entsprechend der Gleichung [34]:

$$\sigma = e\mu N_c \exp\left(-\frac{\mathcal{E}_G}{2k_B T}\right) \exp\left(\frac{\beta_{PF}\sqrt{E}}{2k_B T}\right), \qquad (2.16)$$

mit

$$\beta_{PF} = \sqrt{\frac{e^3}{\pi \varepsilon_\infty \varepsilon_0}}, \qquad (2.17)$$

μ der Beweglichkeit der Ladungsträger, der N_c der Dichte der Ladungsträger im Leitungsband und $\mathcal{E}_G$ der Bandlücke. Da die potentielle Energie eines Elektrons im COULOMB-Feld vier mal größer ist als durch Spiegelladungseffekte, ist damit $\beta_{PF} = 2\beta_S$. Insgesamt ergibt sich aber der gleiche funktionale Zusammenhang wie für die thermionische Emission.

Für größere Felder kann der POOLE-FRENKEL-Effekt aber auch zu einer Befreiung von Elektronen aus flachen Traps führen. Die resultierende Stromdichte kann dann wie folgt angegeben werden [34]:

$$j = j_0 \exp\left(\frac{\beta_{PF}\sqrt{E}}{k_B T}\right). \qquad (2.18)$$

Raumladungslimitierte Leitung

Im Falle sehr dicker Isolatorschichten ($d \gg 2\lambda_A$), die durch zwei OHM'sche Kontakte mit den Elektroden verbunden sind, ist der Ladungsträgertransport durch die Leitfähigkeit des Isolators selbst bestimmt. Je dünner die Schichten jedoch werden, desto größer wird

2. Grundlagen

der Einfluss der Raumladungszonen. Dies gilt insbesondere für Schichtdicken $d \lesssim 2\lambda_\mathrm{A}$. Die Stromdichte durch einen trapfreien Isolator kann dann durch die Gleichung [34]:

$$j = \frac{9\mu\varepsilon_\mathrm{r}\varepsilon_0}{8d^3}U^2 \qquad (2.19)$$

angegeben werden. In Anwesenheit von Traps mit einer Dichte von N_t reduziert sich dieser Strom durch Immobilisierung von Ladungsträgern um den Faktor:

$$\eta = \frac{N_\mathrm{c}}{N_\mathrm{t}} \exp\left(-\frac{\mathcal{E}_\mathrm{t}}{k_\mathrm{B}T}\right) . \qquad (2.20)$$

Raumladungseffekte können allerdings erst beobachtet werden, wenn die Dichte der zusätzlichen Ladungsträger, die in den Isolator strömen größer ist als die Gleichgewichtsladungsträgerdichte im Isolator. Für sehr kleine Spannungen ist daher eine lineare (OHM'sche) Strom-Spannungs-Kennlinie zu beobachten. Ab einer bestimmten Spannung werden so viele Ladungsträger in den Isolator injiziert, dass alle Traps effektiv gefüllt sind. Die Stromdichte steigt dann sprunghaft an und folgt für steigende Spannungen dem nach Gl. (2.19) gegebenen Verlauf. Die Spannung, bei der dieser Übergang stattfindet, ist durch die Beziehung [48]:

$$U_\mathrm{TFL} = \frac{eN_\mathrm{t}d^2}{2\varepsilon_\mathrm{r}\varepsilon_0} \qquad (2.21)$$

gegeben[8].

2.2. Dielektrische Festkörper

2.2.1. Allgemeine Zusammenhänge

Setzt man einen Festkörper einem äußeren elektrischen Feld $\vec{E}$ aus, kommt es in ihm aufgrund von Ladungsverschiebungen zu einer dielektrischen Verschiebung $\vec{D}$, die sich aus dem Vakuumanteil $\varepsilon_0\vec{E}$ und einer Polarisation $\vec{P}$ des Materials zusammensetzt. Der Zusammenhang zwischen äußerem Feld und der dielektrischen Verschiebung wird dabei durch den Tensor der relativen Permittivität $\hat{\varepsilon}_\mathrm{r} = 1 + \hat{\chi}$ beschrieben:

$$\vec{D} = \varepsilon_0\vec{E} + \vec{P} = \varepsilon_0\vec{E} + \varepsilon_0\hat{\chi}\vec{E} = \varepsilon_0\hat{\varepsilon}_\mathrm{r}\vec{E} . \qquad (2.22)$$

Die dielektrische Suszeptibilität $\hat{\chi} = \{\chi_{\alpha\beta}\}$ ist dabei definiert als:

$$\chi_{\alpha\beta} = \frac{\mathrm{d}P_\alpha}{\mathrm{d}E_\beta} , \qquad (2.23)$$

wobei P_α und E_β entsprechend die Komponenten des Vektors der Polarisation bzw. des elektrischen Feldes sind.

---
[8]TFL – engl. *Trap Filled Limit*.

2.2. Dielektrische Festkörper

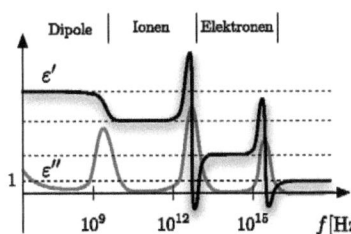

Abbildung 2.5.:
Schematische Darstellung der Frequenzabhängigkeit der komplexen Permittivität.

Zur Polarisation, die als mittleres Dipolmoment pro Volumen definiert ist[9], tragen verschiedene mikroskopische Prozesse bei:

- Elektronische Polarisation (Verschiebung der Elektronenhüllen relativ zum Kern),
- Ionenpolarisation (Verschiebung der Ionen gegeneinander),
- Orientierungspolarisation (Ausrichtung permanenter Dipole).

Zusätzlich können Raumladungen an Grenzflächen in inhomogenen Dielektrika die Polarisation beeinflussen. Aufgrund der unterschiedlichen Trägheit der dipolbildenden Elemente kommt es in Abhängigkeit von der Frequenz des anregenden Feldes zur Ausbildung von Resonanzstellen. Steigt die Frequenz über die Resonanzfrequenz, können die Dipole der Anregung nicht mehr folgen und tragen damit nicht mehr zur Polarisation bei. Es ergibt sich daraus eine Frequenzabhängigkeit der Permittivität, wie sie in Abb. 2.5 schematisch dargestellt ist.

In verlustbehafteten Dielektrika kommt es darüber hinaus zu einer Phasenverschiebung δ zwischen äußerem Wechselfeld $\vec{E} = \vec{E}_0 \exp(i\omega t)$ und der dielektrischen Verschiebung:

$$\vec{D} = \varepsilon_0 \varepsilon_\mathrm{r} \vec{E}_0 e^{i(\omega t - \delta)} = \varepsilon_0 \varepsilon_\mathrm{r}^* \vec{E}_0 e^{i\omega t} \; , \qquad (2.24)$$

welche durch die Einführung einer komplexen Permittivität $\varepsilon_\mathrm{r}^* = \varepsilon_\mathrm{r}' + i\varepsilon_\mathrm{r}''$ berücksichtigt wird. Der Imaginärteil ε_r'' ist dabei proportional zur dielektrischen Verlustleistung ($\mathrm{d}W/\mathrm{d}t$), weshalb $\tan\delta$ auch als Verlusttangens bezeichnet wird [50]:

$$\tan\delta = \frac{8\pi \cdot (\mathrm{d}W/\mathrm{d}t)}{\omega \mathrm{Re}\,\varepsilon_{\alpha\beta}^* E_\alpha E_\beta^*} = \frac{\varepsilon_\mathrm{r}''}{\varepsilon_\mathrm{r}'} \; . \qquad (2.25)$$

Hier sind $\varepsilon_\mathrm{r}' = \mathrm{Re}\,\varepsilon_{\vec{E}}^*$ und $\varepsilon_\mathrm{r}'' = \mathrm{Im}\,\varepsilon_{\vec{E}}^*$ die Projektionen des Tensors der Permittivität in Richtung des elektrischen Feldes. Verlustpeaks treten insbesondere an Resonanzstellen der dielektrischen Funktion auf. Daneben gibt es eine Reihe von Prozessen, die die

---

[9]Polarisation: $P = \sum_i N_i p_i = \sum_i N_i \alpha_i E_{\mathrm{lok},i}$. Hierbei ist N_i die Dichte der Dipolmomente p_i, die sich aus dem Produkt der Polarisierbarkeit α_i und dem lokalen Feld $E_{\mathrm{lok},i}$ berechnen. Das lokale Feld setzt sich dabei aus dem äußeren Feld und dem Feld der übrigen Dipolmomente der Probe (Depolarisationsfeld und LORENTZ-Hohlraum-Feld) zusammen [49].

2. Grundlagen

Verluste in Dielektrika außerhalb der Resonanzstellen bestimmen. Sie werden in intrinsische Verluste als Eigenschaft des perfekten Kristalls (Wechselwirkungen mit dem Phononensystem) und extrinsische Verluste hervorgerufen durch Defekte unterteilt.

2.2.2. Ferroelektrizität

Einen Festkörper bezeichnet mal als ferroelektrisch, wenn seine Kristallstruktur zwei oder mehrere polare[10] Orientierungen zulässt und man durch Anlegen eines äußeren elektrischen Feldes in die jeweils anderen Zustände wechseln kann. Die eigentliche ferroelektrische Phase wird dabei häufig als kleine strukturelle Änderung bezüglich einer Prototyp-Phase[11] beschrieben. Häufig ist dies auch die paraelektrische Phase, aus der am so genannten CURIE-Punkt T_C der Übergang in die ferroelektrische Phase stattfindet. Dieser Übergang ist normalerweise mit der Kondensation einer polaren Soft Mode[12] im Zentrum der BRILLOUIN-Zone verbunden und stellt damit eine Subgruppe der *ferrodistortiven*[13] Phasenübergänge dar [51]. Der Zusammenhang zwischen der Permittivität und der Frequenz der Soft Mode ω_{TO} wird dabei über die LYDDANE-SACHS-TELLER Beziehung beschrieben:

$$\frac{\varepsilon_r}{\varepsilon_\infty} = \frac{\omega_{LO}^2}{\omega_{TO}^2} \ . \qquad (2.26)$$

Mit sinkender Frequenz der transversal-optischen Mode (Soft Mode) steigt also die Permittivität. Da meist die Frequenz der longitudinal-optischen Moden ω_{LO} als temperaturunabhängig angenommen werden kann, zeigt der Kehrwert der Permittivität die gleiche Temperaturabhängigkeit wie ω_{TO}^2.

Landau-Devonshire-Theorie

Grundlage der phänomenologischen Beschreibung der ferroelektrischen Phasenübergänge in Bulk-Systemen mit räumlich gleichförmiger Polarisation bildet die LANDAU-Theorie, die erstmals von DEVONSHIRE auf Ferroelektrika angewendet wurde [52–54]. Man geht davon aus, dass der Phasenübergang bezüglich eines Ordnungsparameters beschrieben werden kann, der in der ungeordneten paraelektrischen Phase Null ist und in der geordneten ferroelektrischen Phase einem endlichen Wert zustrebt. Für die hier betrachteten Phasenübergänge bietet sich die Polarisation als Ordnungsparameter an. In der Nähe des Übergangs kann dann die freie Energie als Potenzreihe der Polarisation geschrieben werden, wobei nur Terme zulässig sind, die mit der Symmetrie des geordneten Systems konform sind. Die Dichte der freien Energie[14] $\mathcal{F}$ kann dann wie folgt geschrieben werden

---

[10] polar: der Kristall weist eine spontane Polarisation auf.
[11] Phase mit höchster Symmetrie, die kompatibel mit der ferroelektrischen Phase ist.
[12] Die Frequenz der Soft Mode geht gegen Null.
[13] Im Gegensatz dazu bezeichnet man Phasenübergänge, die in Verbindung mit der Kondensation einer Soft Mode außerhalb des Zentrums der BRILLOUIN-Zone steht, als *antiferrodistortiv*.
[14] Die totale freie Energie berechnet sich dann zu: $F = \int dV \mathcal{F}$.

2.2. Dielektrische Festkörper

[55]:
$$\mathcal{F}_P = \frac{1}{2}g_1 P^2 + \frac{1}{4}g_2 P^4 + \frac{1}{6}g_3 P^6 - EP \ . \tag{2.27}$$

In den meisten Fällen ist es ausreichend, nur die Terme bis zur sechsten Ordnung zu betrachten. Die Gleichgewichtsbedingung $\partial \mathcal{F}/\partial P = 0$ liefert dann für das elektrische Feld:

$$E = g_1 P + g_2 P^3 + g_3 P^5 \ . \tag{2.28}$$

Die dielektrische Suszeptibilität ergibt sich dann aus Gl. (2.23) und anschließendem Nullsetzen von P. Zusätzlich kann man in guter Näherung annehmen, dass nur der Parameter a temperaturabhängig ist. Aus diesen Überlegungen ergibt sich das typische CURIE-WEISS-Gesetz für die dielektrische Suszeptibilität oberhalb des CURIE-Punktes:

$$\chi = \frac{1}{g_1} = \frac{1}{g_{1,0}(T - T_C)} \ . \tag{2.29}$$

Für alle bisher bekannten Ferroelektrika sind die Parameter $g_{1,0}$ und g_3 positiv, sodass die Art des Phasenübergangs nur durch das Vorzeichen von g_2 bestimmt wird. Demnach ergibt sich für negative g_2 immer ein Phasenübergang erster Ordnung und für positive g_2 ein Phasenübergang zweiter Ordnung. Die entsprechenden Zusammenhänge sind zusammen mit der Temperaturentwicklung der freien Energie in Abb. 2.6 dargestellt. Im Falle des Phasenübergangs zweiter Ordnung bilden sich am CURIE-Punkt (mindestens) zwei Minima in der freien Energie aus, für die $P \neq 0$ gilt. Es entsteht also eine spontane Polarisation, die mit fallender Temperatur von Null beginnend einem endlichen Wert zustrebt. Gleichzeitig divergiert am CURIE-Punkt die dielektrische Suszeptibilität und die damit verbundene Soft Mode kondensiert. Der Phasenübergang erster Ordnung ist dadurch gekennzeichnet, dass sich in der freien Energie bereits oberhalb des CURIE-Punktes lokale Minima bei $P \neq 0$ ausbilden. Der Phasenübergang findet bei sinkender Temperatur dann statt, wenn diese Minima tiefer liegen als das bei $P = 0$. Bei dieser Temperatur bildet sich sprunghaft eine spontane Polarisation aus. Der Kehrwert der Suszeptibilität erreicht hier jedoch nicht den Wert Null. Die Temperaturabhängigkeit der freien Energie wird vielmehr bezüglich einer Temperatur T_0 beschrieben, bei der das lokale Minimum für den unpolarisierten Zustand verschwindet, und es gilt $g_1 = g_{1,0}(T - T_0)$. Die Entartung der freien Energie bei $T = T_C$ hat häufig thermische Hysteresen in der Suszeptibilität zur Folge.

Da die ferroelektrische Phase durch eine kleine strukturelle Störung des Kristallgitters gekennzeichnet ist, haben elastische Spannungen einen besonderen Einfluss auf den Phasenübergang. Um dies zu berücksichtigen, können der freien Energie weitere Terme hinzugefügt werden, die den Zusammenhang zwischen Polarisation und der aus der Spannung resultierenden Dehnung vermitteln [55]:

$$\mathcal{F}_\epsilon = \frac{1}{2}s\epsilon^2 + Q\epsilon P^2 - \epsilon\varsigma \ . \tag{2.30}$$

Der erste Term beschreibt hier das HOOK'sche Gesetz, wobei s die elastische Konstante ist und ϵ eine Komponente das Dehnungsfeldes. Der zweite Term beschreibt die Kopplung

2. Grundlagen

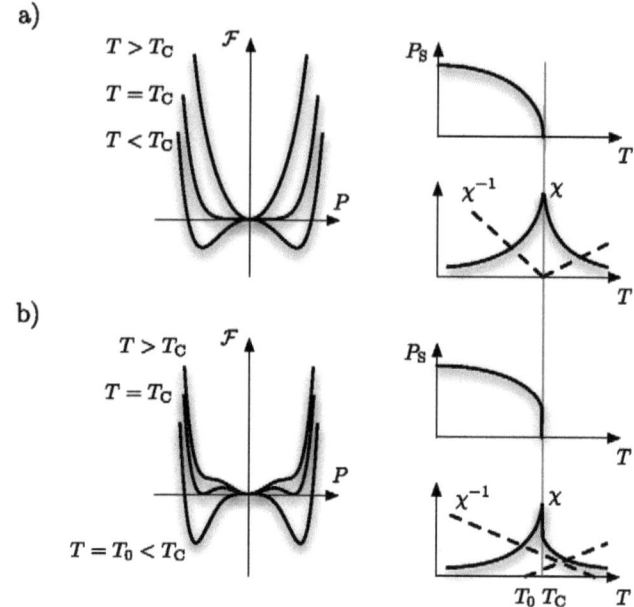

Abbildung 2.6.: Temperaturverlauf der freien Energie, spontanen Polarisation und dielektrischen Suszeptibilität für a) einen Phasenübergang 2. Ordnung und b) einen Phasenübergang 1. Ordnung.

der Dehnung an die Polarisation, in diesem Fall die Elektrostriktion mit dem elektrostriktiven Koeffizient Q. Abhängig von der Symmetrie des Übergangs kann der führende Term auch linear in Dehnung und Polarisation sein. Solche Materialien weisen dann piezoelektrische Effekte auf. Die gesamte freie Energie berechnet sich dann als Summe aus dem feld- und spannungsabhängigen Anteil $\mathcal{F} = \mathcal{F}_P + \mathcal{F}_\epsilon$. Der Gleichgewichtszustand ergibt sich aus der Minimierung der freien Energie bezüglich P und ϵ. Man kann nun zeigen, dass sich durch Dehnungen des Kristalls die Übergangstemperatur deutlich verschieben und sich sogar die Art des Übergangs ändern kann [55]. Dies spielt insbesondere bei epitaktischen Schichten aufgrund der Gitterfehlanpassung zum Substrat eine entscheidende Rolle.

Es sei an dieser Stelle nur kurz erwähnt, dass zur Beschreibung der Ferroelektrizität in dünnen Schichten zusätzlich räumliche Fluktuationen des Ordnungsparameters zugelassen werden müssen. Dies geschieht im Allgemeinen im Rahmen der GINZBURG-LANDAU-Theorie, indem man einen zusätzlichen Term in der freien Energie $G|\nabla P|^2$ berücksichtig. Zur Lösung der sich daraus ergebenden Differentialgleichungen müssen außerdem Randbedingungen definiert werden. Betrachtet man nun die Korrelationsfunktion der Polarisation $g(\vec{r}) = \langle P(\vec{r})P(0)\rangle - \langle P(0)\rangle^2$, erhält man die Korrelationslänge:

$$\xi = \sqrt{\frac{G}{a_0 T_C}} \sqrt{\frac{T_C}{|T-T_C|}} \equiv \xi_0 |t|^{-1/2} \quad (2.31)$$

die eine typische Länge beschreibt, über die die Polarisation existiert [55], wobei hier $t = \frac{T-T_C}{T_C}$ ist.

Domänen

Im folgenden Abschnitt soll nun der Einfluss von Inhomogenitäten und Grenzflächen auf die Eigenschaften des Ferroelektrikums näher betrachtet werden. Diese sind im Allgemeinen mit einer räumlichen Änderung der spontanen Polarisation verbunden. Da sich die gesamte Polarisation aus der spontanen Polarisation und der Polarisation aufgrund eines äußeren Feldes zusammensetzt, $\vec{P} = \vec{P}_S + \chi \vec{E}$, erhält man mit Hilfe der POISSON-Gleichung div $\vec{D} = \rho$:

$$\text{div } \vec{E} = \frac{1}{\varepsilon_r \varepsilon_0} \left(\rho - \text{div } \vec{P}_S \right), \quad (2.32)$$

wobei ρ die Ladungsdichte ist. Hieraus kann man direkt ablesen, dass eine räumliche Änderung der spontanen Polarisation Quelle eines elektrischen Feldes – des Depolarisationsfeldes – ist. Die Energie aufgrund des Depolarisationsfeldes ist [51]:

$$\mathcal{E}_E = \frac{1}{2} \int_V \vec{D} \cdot \vec{E} \mathrm{d}V = \frac{1}{2} \int_V \frac{\varepsilon_r}{\varepsilon_0} L^2 P_S^2 \mathrm{d}V . \quad (2.33)$$

L ist der Depolarisationsfaktor. Er kann abhängig von der Geometrie der Probe Werte zwischen 0 und 1 annehmen. Zur Minimierung von $\mathcal{E}_E$ werden sich unterschiedliche Regionen innerhalb des Ferroelektrikums ausbilden, in denen sich die spontane Polarisation entlang aller der Symmetrie des Phasenübergangs konformen Orientierungen ausrichtet. Die Regionen mit gleichförmiger Orientierung der Polarisation nennt man *Domänen*. Zwischen den Domänen bilden sich Domänenwände aus, die wiederum eine bestimmte Menge Energie $\mathcal{E}_W$ enthalten, die sich aus einem Dipolanteil und einem Dehnungsanteil zusammensetzt. Aus der Minimierung der daraus resultierenden freien Energie:

$$F = \int \left(\frac{1}{2} g_1 P^2 + \frac{1}{4} g_2 P^4 + \frac{1}{6} g_3 P^6 - EP \right) \mathrm{d}V + \mathcal{E}_E + \mathcal{E}_W \quad (2.34)$$

lässt sich prinzipiell die statische Domänenstruktur berechnen.

2.3. Materialsysteme

In dieser Arbeit werden im Wesentlichen drei Materialien eine besondere Rolle spielen. Diese sind das Strontiumtitanat, das zum einen als Substratmaterial eingesetzt wird und zum anderen als dünne Schicht auf dessen Ladungsträgertransport untersucht werden soll; das Yttrium-Barium-Kupfer-Oxid, das als Elektrodenmaterial und kristalline Unterlage für das epitaktische Wachstum der Strontiumtitanat-Schichten dient und das Lanthanaluminat das alternativ als Substrat für die Herstellung der Schichtsysteme eingesetzt wird. Für diese Materialien muss geklärt werden, welche strukturellen Besonderheiten zu erwarten sind, die sich sowohl auf die Epitaxie, als auch auf deren elektrische und dielektrische Eigenschaften auswirken können. Für eine Bewertung des Ladungsträgertransportes durch die Strontiumtitanat-Schichten ist zudem eine genaue Kenntnis über die die Leitfähigkeit bestimmenden Defekte unerlässlich. In den folgenden Abschnitten sollen daher die für diese Arbeit wesentlichen Eigenschaften dieser Materialien herausgestellt werden.

2.3.1. Strontiumtitanat (SrTiO$_3$)

Kristallstruktur und dielektrische Eigenschaften

Einkristallines Strontiumtitanat (SrTiO$_3$, STO) nimmt bei Raumtemperatur die kubische Perowskit-Struktur mit einer Gitterkonstanten $a = 3{,}905$ Å ein [56, 57]. Bezüglich der allgemeinen Strukturformel ABO$_3$ besetzt dabei das Sr-Atom den A-Platz und das Ti-Atom den B-Platz. In einer solchen Struktur wird das Auftreten von strukturellen Phasenübergängen durch die Größe der Sauerstoffoktaeder, die das B-Atom enthalten, und der A-Atome, die die Zwischenräume auffüllen, bestimmt. Entsprechend der Regel von GOLDSCHMIDT kann ein Toleranzfaktor η_t bestimmt werden, mit dessen Hilfe die Stabilität des Perowskits bewertet werden kann [58, 59]:

$$\eta_t = \frac{r_A + r_O}{\sqrt{2}\,(r_B + r_O)} \; . \tag{2.35}$$

Hier sind r_A, r_B und r_O jeweils der Radius des A-, B- und O-Ions. Unter allen Perowskiten wurden Werte für den Toleranzfaktor zwischen 1,05 und 0,78 gemessen. Abweichungen vom idealen Wert $\eta_t = 1$ führen häufig zu strukturellen Phasenübergängen, die mit Verkippungen der Sauerstoffoktaeder verbunden sind. Dabei kann jedoch nicht vorhergesagt werden, von welchem Verkippungstyp dieser Übergang ist. Im Falle von STO ist $\eta_t = 1{,}009$ [60].

Tatsächlich findet mit sinkender Temperatur bei etwa 105 K ein struktureller Übergang in eine tetragonale Phase statt. Dabei kommt es zu einer Absenkung der Frequenz der Zonengrenzen-Phononenmode entlang der [111]-Richtung [61]. Dieser antiferrodistortive Phasenübergang ist mit einer Rotation der Sauerstoffoktaeder entlang einer kubischen Achse verbunden, wobei der Drehwinkel als Ordnungsparameter betrachtet werden kann[15]. Da sich benachbarte Sauerstoffoktaeder entgegengesetzt verdrehen, ergibt

---
[15]Dieser Übergang ist vom a^{0}a^{0}b$^-$-Typ nach der Notation von GLAZER [62].

2.3. Materialsysteme

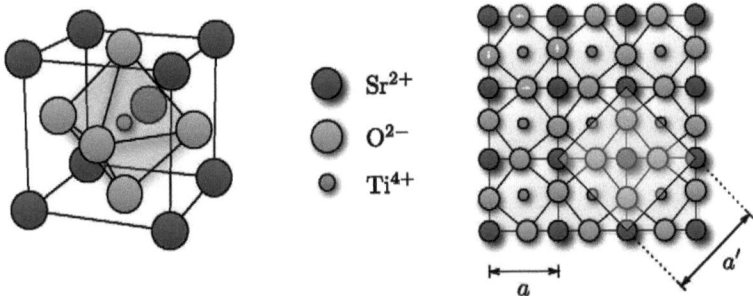

Abbildung 2.7.: Kristallstruktur von Strontiumtitanat: kubische Einheitszelle mit Gitterkonstante a (links), tetragonale Tieftemperaturphase mit zugehöriger Gitterkonstante a' (rechts). Weiße Pfeile deuten die Rotation der Sauerstoffoktaeder beim Phasenübergang an.

sich eine neue primitive Einheitszelle, deren Volumen doppelt so groß ist, wie das der Hochtemperaturphase (siehe Abb. 2.7). Im weiteren Temperaturverlauf vergrößert sich die Achse parallel zu dieser Rotationsachse, während sich die Achsen senkrecht dazu verkleinern. Insgesamt vergrößert sich aber das Volumen der Einheitszelle [61].

Neben der Phononenmode des antiferrodistortiven Phasenübergangs wird auch eine Soft Mode im Zonenzentrum mit einer starken Temperaturabhängigkeit beobachtet [63]. Diese deutet auf eine ferroelektrische Instabilität hin. Für tiefe Temperaturen stabilisiert sich diese Mode jedoch und ein Phasenübergang wird selbst für Temperaturen bis 0,035 K nicht beobachtet [64]. Die statische Permittivität kann dabei Werte von einigen 10^4 annehmen. Dieses Verhalten führte zu der Bezeichnung „einsetzendes Ferroelektrikum"[16]. Als Ursache für die Stabilisierung der paraelektrischen Phase werden häufig Quantenfluktuationen in Verbindung mit der Kopplung der Soft Mode an transversal akustische Moden angeführt [64, 65]. Ein ferroelektrischer Phasenübergang kann durch die Substitution von ^{16}O mit ^{18}O [66, 67], von Sr mit Ca [68] oder durch uni- und biaxiale Spannungen [69, 70] induziert werden.

Leitfähigkeit und Defektchemie

Nominell undotiertes STO ist ein Nichtleiter mit einer Energielücke zwischen Valenz- und Leitungsband von $\mathcal{E}_G(0\,\mathrm{K}) = (3{,}2\ldots 3{,}3)\,\mathrm{eV}$ mit einem linearen Temperaturkoeffizienten $\beta_G = (5\pm 1)\cdot 10^{-4}\,\mathrm{eV/K}$ [71–74][17]. Die Elektronenaffinität kann mit $\varpi = 4{,}1\,\mathrm{eV}$ angegeben werden [75]. Die Leitfähigkeit in kommerziell erhältlichen Einkristallen wird wesent-

---

[16]Engl. *incipient ferroelectric*.
[17]Die Energielücke bei gegebener Temperatur ergibt sich damit aus: $\mathcal{E}_G(T) = \mathcal{E}_G(0\,\mathrm{K}) - \beta_G T$.

2. Grundlagen

Akzeptor-Dotierung	$A_2O_3 + O_O^\times + 2Ti_{Ti}^\times \rightarrow 2A'_{Ti} + V_O^{\bullet\bullet} + 2TiO_2$
Donator-Dotierung	$D_2O_5 + 2Ti_{Ti}^\times \rightarrow 2D_{Ti}^\bullet + 2e' + \frac{1}{2}O_2 + 2TiO_2$
	$2D_2O_3 + 4Sr_{Sr}^\times + Ti_{Ti}^\times \rightarrow 4D_{Sr}^\bullet + V_{Ti}'''' + 4SrO + TiO_2$
	$D_2O_3 + 2Sr_{Sr}^\times \rightarrow 2D_{Sr}^\bullet + 2e' + 2SrO + \frac{1}{2}O_2$
Band-Band Transfer	$\text{nil} \rightleftarrows e' + h^\bullet$
Oxidation	$V_O^{\bullet\bullet} + \frac{1}{2}O_2 \rightleftarrows O_O^\times + 2h^\bullet$
Reduktion	$O_O^\times \rightleftarrows V_O^{\bullet\bullet} + \frac{1}{2}O_2 + 2e'$
Valenzwechsel	$A_{Ti}^\times \rightleftarrows A'_{Ti} + h^\bullet$
Elektroneutralität	$2[V_O^{\bullet\bullet}] + p = [A'_{Ti}] + n$
Massenerhaltung	$[A'_{Ti}] + [A_{Ti}^\times] = \text{const}$

Tabelle 2.1.: Wichtige Reaktionen der Punktdefekt-Chemie von STO in KRÖGER-VINK-Notation [72, 79, 80]. Mit A und D sind jeweils Akzeptor- und Donator-Atome bezeichnet.

lich durch die in geringen Teilen enthaltenen Fremddefekte bestimmt. Die am häufigsten auftretenden Verunreinigungen zeigen dabei meist akzeptorartiges Verhalten (Na_{Sr}', Al_{Ti}', Ni_{Ti}'', Mg_{Ti}''). Die Ionisierungsenergien liegen allerdings im Bereich (0,5...2,5) eV, sodass sie erst bei sehr hohen Temperaturen signifikant zur Leitfähigkeit beitragen [72, 76–78]. Die Ladung der Akzeptorzentren wird daher meist durch Sauerstoffvakanzen kompensiert (siehe Tab. 2.1). Eine donatorartige Dotierung kann durch das Einbringen von Lanthan oder Niob in den Kristall erreicht werden ($La_{Sr}^\bullet$, $Nb_{Ti}^\bullet$). Dabei wird die Ladung der Donatorzentren durch freie Elektronen oder Kationenvakanzen ausgeglichen.

STO, wie auch viele andere Übergangsmetalloxide, zeigt darüber hinaus die Fähigkeit zur Selbstdotierung. Unter reduzierenden Bedingungen verlässt Sauerstoff den Kristall. Es bilden sich Sauerstoffvakanzen, deren Ladung durch freie Elektronen ausgeglichen werden. Die Sauerstoffvakanz wirkt daher als flacher Donator oder Trap mit einer Ionisationsenergie von $\mathcal{E}_D \leq 0{,}2\,\text{eV}$ [78, 81]. Für Temperaturen oberhalb 400°C wird die Leitfähigkeit auf Grund der hohen Beweglichkeit des Sauerstoffs durch den umgebenden Sauerstoffpartialdruck bestimmt. Im Bereich hoher Partialdrücke werden Sauerstoffvakanzen oxidiert. Die Ladung wird dabei durch freie Löcher kompensiert, die wiederum mit freien Elektronen rekombinieren können. Zusammen mit Eigen- (intrinsischen) und Fremdakzeptordefekten stellt sich daher eine p-Leitfähigkeit ein. Bei geringen Sauerstoffpartialdrücken kommt es zu einer Anreicherung an Sauerstoffvakanzen. Der STO-Kristall wird n-leitend [72, 77].

Mit sinkender Temperatur nimmt die Volumen-Beweglichkeit des Sauerstoffs in STO deutlich ab[18]. Der jeweilige Leitungszustand wird daher beim Abkühlen eingefroren. Unter reduzierenden Bedingungen bleibt daher der Kristall n-leitend. In diesem Fall kann bereits bei sehr geringen Ladungsträgerkonzentrationen um $10^{19}\,\text{cm}^{-3}$ entsprechend der

---

[18]Die Aktivierungsenergie der Sauerstoffdiffusion beträgt etwa $(0{,}98\ldots 1{,}27)\,\text{eV}$ [72, 80].

MOTT-Bedingung [82]:

$$N^{1/3} a_H \approx 0{,}22 \quad (2.36)$$

mit

$$a_H = \frac{\hbar^2 \varepsilon_r \varepsilon_0}{m^* e^2}$$

ein Übergang zur metallischen Leitfähigkeit beobachtet werden [83]. Bei diesen Ladungsträgerkonzentrationen wird STO auch supraleitend mit einer maximalen kritischen Temperatur von $T_{cr} \lesssim 0{,}5\,\mathrm{K}$ [84, 85][19]. In oxidierender Atmosphäre wird die Leitfähigkeit durch tiefe Akzeptoren bestimmt, wodurch der Kristall bei tiefen Temperaturen hauptsächlich isolierende Eigenschaften zeigt.

2.3.2. Yttrium-Barium-Kupfer-Oxid ($YBa_2Cu_3O_{7-x}$)

Yttrium-Barium-Kupfer-Oxid in der 123-Struktur[20] (YBCO) ist der wahrscheinlich meist verwendete Hochtemperatursupraleiter für die Herstellung von supraleitenden Bauelementen. Seine Eigenschaften werden entscheidend durch dessen Kristallstruktur bestimmt. Es hat sich gezeigt, dass insbesondere die Sauerstoffstöchiometrie (definiert über den Parameter x in der Strukturformel) und die daraus resultierende Anordnung der Sauerstoffatome in der Einheitszelle die Ausbildung einer supraleitenden Phase bestimmen.

Die Kristallstruktur von YBCO kann auf der Basis des Perowskits beschrieben werden, wobei zwei Zellen mit Ba von einer Zelle mit Y als Zentralion getrennt sind. Es entsteht eine orthorhombische Einheitszelle mit den Gitterkonstanten $a = 3{,}823$ Å, $b = 3{,}887$ Å und $c = 11{,}680$ Å für $x = 0$ [91]. Gegenüber der idealen perowskitischen Stöchiometrie muss diese Einheitszelle aber als sauerstoffdefizitär verstanden werden. So fehlen die Sauerstoffatome an den (0,0,1/2)- und (1/2,0,0)-Positionen (siehe Abb. 2.8). Auf diese Weise entstehen zwei CuO_2-Ebenen getrennt durch das Y-Ion und an den Kanten der Einheitszelle entlang der b-Achse eine kettenförmige Cu-O-Abfolge. Zusammen mit dem Apex-Sauerstoff senkrecht über den CuO_2-Ebenen bildet jedes Cu-Ion mit den umgebenden Sauerstoff einen Tetraeder. Die Sauerstoffionen in den Kupferoxidebenen und die Ba-Ionen sind auf Grund der Größe des Ba in Richtung des Y-Ions verschoben [91-96].

Abhängig vom Sauerstoffgehalt können in YBCO unterschiedliche strukturelle Phasen identifiziert werden. Für $x = 1$ bildet sich eine tetragonale Phase mit $a = b = 3{,}860$ Å und $c = 11{,}817$ Å aus. Hier fehlt der Sauerstoff entlang der Kanten der Einheitszelle in a- und b-Richtung komplett, während alle anderen Sauerstoffpositionen voll besetzt bleiben. Erhöht man den Sauerstoffanteil, wird dieser zunächst gleichmäßig in die Fehlstellen entlang der a- und b-Achse eingebaut. Ab $x = 0{,}65$ kommt es zu einer Umverteilung des

---

[19]Die Ursache der Supraleitung in STO wird in der Literatur bis heute sehr kontrovers diskutiert. Mögliche Modelle basieren auf Zweiband-Supraleitung [86], Wechselwirkung mit der Soft Mode [87, 88], sowie bipolaronische Supraleitung [89, 90]. Ebenfalls kann nicht ausgeschlossen werden, dass die Supraleitung auf kleine Bereiche im Material räumlich beschränkt ist [89, 90].
[20]Die Bezeichnung 123-Struktur bezieht sich auf das Kationenverhältnis Y:Ba:Cu=1:2:3.

2. Grundlagen

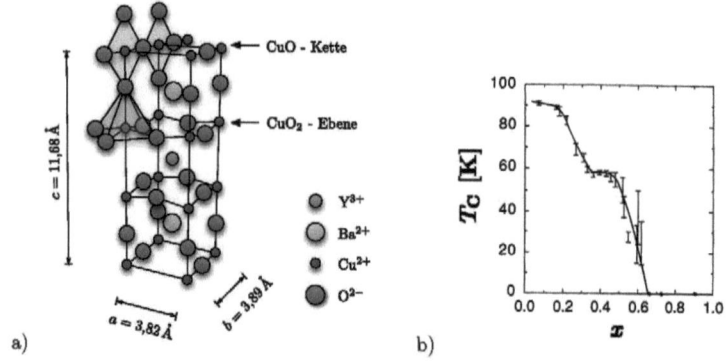

Abbildung 2.8.: a) Einheitszelle von $YBa_2Cu_3O_7$. b) Abhängigkeit der kritischen Temperatur vom Sauerstoffgehalt bezüglich der Strukturformel $YBa_2Cu_3O_{7-x}$ [91].

Sauerstoffs zugunsten der b-Achse. Entlang der a-Achse sinkt die Besetzung mit steigendem Sauerstoffgehalt auf Null ab, womit auch die Verringerung der Gitterkonstanten zu erklären ist [91, 97, 98].

Die strukturellen Veränderungen sind direkt mit den supraleitenden Eigenschaften korreliert. In den CuO_2-Ebenen überlappen die $d_{x^2-y^2}$-Orbitale der Cu^{2+}-Ionen mit den p_x- und p_y-Orbitalen der O^{2-}-Ionen. Dabei ist das Cu-d-Orbital in der tetragonalen Phase mit $x = 1$ mit zwei Elektronen besetzt. Ohne Berücksichtigung von Wechselwirkungen zwischen den Elektronen erhält man damit ein halbbesetztes Band, das eine metallische Leitfähigkeit zeigen sollte. Tatsächlich überwiegt jedoch die COULOMB-Abstoßung und wirkt einer Delokalisierung der Elektronen entgegen. Dieses Verhalten kann im Rahmen des HUBBARD-Modells beschrieben werden [99–101]. Das d-Orbital spaltet sich dabei in zwei durch eine Energielücke getrennte Bänder auf. Zudem hat das Cu^{2+}-Ion ein magnetisches Moment, sodass das tetragonale YBCO als antiferromagnetischer Isolator vorliegt [102].

Fügt man nun Sauerstoff in die CuO-Ketten ein, kommt es zu einem Ladungstransfer aus den CuO_2-Ebenen. Um O^{2-}-Ionen zu erzeugen, müssen zwei Löcher den CuO_2-Ebenen hinzugefügt werden. Formal erhält man Ladungsneutralität, wenn 6,5 der 7 Sauerstoffionen im Zustand O^{2-} sind[21]. Man würde damit einen supraleitenden Phasenübergang für $x < 0,5$ erwarten. Tatsächlich findet man diesen Übergang für $x < 0,65$, was mit dem Auftreten geringer Konzentrationen an Cu^{1+}-Ionen zu erklären ist [103].

---

[21]Dies setzt voraus, dass sich die Kationen in ihrem normalen Valenzzuständen befinden: Y^{3+}, Ba^{2+} und Cu^{2+}.

2.3. Materialsysteme

Im Bereich $0{,}2 < x < 0{,}65$ findet man in der Abhängigkeit der kritischen Temperatur vom Sauerstoffgehalt ein Plateau bei etwa 60 K (Ortho-II-Phase). Für $x < 0{,}2$ steigt T_{cr} weiter an und erreicht für $x \approx 0{,}05$ einen maximalen Wert von 93 K (Ortho-I-Phase)[22] [102, 104, 105]. Die vollständige Verlauf ist in Abb. 2.8b dargestellt. BLACKSTEAD und DOW [103] erklären dieses Verhalten mit dem Abbau von Sauerstoffvakanzen in den CuO-Ketten, die durch neutralen Sauerstoff ersetzt werden.

Der Ladungsträgertransport und die COOPER-Paarung sind damit auf die CuO_2-Ebenen beschränkt, wobei Löcher als freie Ladungsträger zur Verfügung stehen. Die CuO-Ketten dienen dabei als Ladungsträgerreservoir. Aufgrund der großen Abstoßung der Elektronen muss auch der supraleitende Zustand eine d-Wellen-Symmetrie aufweisen, um die Aufenthaltswahrscheinlichkeit zweier Elektronen am gleichen Ort zu minimieren. Damit verbunden ist eine deutliche Anisotropie der elektrischen und supraleitenden Eigenschaften[23]. Die Austrittsarbeit von YBCO wird in der Literatur mit $\psi_{YBCO} = (5{,}8 \ldots 6{,}8)$ eV angegeben. Bei Messungen der Austrittsarbeit mittels Photoelektronen-Emission werden häufig auch Werte um 4 eV gefunden [106–110].

Der Sauerstoffgehalt sowie das Wachstum einer YBCO-Schicht hängen stark von der Prozessführung ab. Aus Abb. 2.9 wird ersichtlich, dass man Schichten hoher Qualität dann erhält, wenn sie in der Nähe der thermodynamischen Stabilitätslinie für tetragonales YBCO abgeschieden werden. Als Grund hierfür wird angegeben, dass für diese Prozessbedingungen die Mobilität der Atome erhöht ist und damit eine Ordnung zu größeren Körnern begünstigt wird [111]. Um die gewachsene Schicht in die supraleitende orthorhombische Phase zu überführen, muss diese bei hinreichend hohem Sauerstoffdruck durch langsames Abkühlen oder durch zusätzliches Tempern unterhalb der Phasenübergangstemperatur ausheilen.

Das Wachstum einer YBCO-Schicht wird im Allgemeinen als STRANSKI-KRASTANOV-oder „Kanten"-Wachstum bezeichnet [112, 113]. Dabei ordnen sich die Atome an der Oberfläche bevorzugt an Stufenkanten des Substrates bzw. der wachsenden Schicht an. Diese Stufen breiten sich dann parallel zur Substratoberfläche aus. Häufig bilden sich dadurch an Schraubenversetzungen Wachstumsspiralen, welche die Oberflächenstruktur der wachsenden Schicht dominieren können. Die Ursache für das häufige Auftreten von Schraubenversetzungen kann damit begründet werden, dass Wachstumsfronten verkippt aufeinander treffen oder durch Oberflächendefekte gestört werden. Es ist auch denkbar, dass sie direkt an Versetzungen im Substrat oder durch die Relaxation von epitaktischen Verspannungen in der Schicht entstehen.

Andere Defekte, die häufig in YBCO-Schichten gefunden werden, sind Stapelfehler und Ausfällungen in Form von Oxiden der in YBCO vorhandenen Kationen. Diese Defekte werden vor allem durch lokale Abweichungen von der optimalen Stöchiometrie hervorgerufen und können auf Grund schlechter Gitteranpassung weitere Defekte in der Schicht

---

[22]Darüber hinaus existieren weitere Phasen des YBCO. So bilden sich für $x > 0{,}5$ bezüglich der Periodizität der Sauerstoffbesetzung in den CuO-Ketten Überstrukturen, bei denen jede dritte CuO-Kette (Ortho-III) oder jede fünfte CuO-Kette besetzt sein kann (Ortho-V) [104].

[23]Zum Beispiel: LONDON'sche Eindringtiefe $\lambda_{L,ab} = 150$ nm $\leftrightarrow \lambda_{L,c} = 0{,}8\,\mu$m, Kohärenzlänge $\xi_{ab} = 1{,}6$ nm $\leftrightarrow \xi_c = 0{,}3$ nm (die angegebenen Werte gelten für $T \to 0$ K) [102].

2. Grundlagen

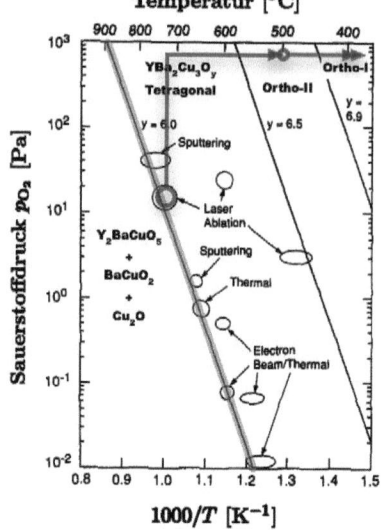

Abbildung 2.9.:
Stabilitätsbereiche der YBCO-123 Phasen in Abhängigkeit von Sauerstoffdruck und Substrattemperatur (nach [111]). Eingezeichnet sind die Abscheidebedingungen für erfolgreiches YBCO-Wachstum für verschiedene Beschichtungsverfahren. Diese befinden sich hauptsächlich in der Nähe der Stabilitätslinie für tetragonales YBCO. Pfeile beschreiben einen typischen Ausheilprozess nach der Abscheidung, wobei zunächst die Beschichtungsanlage mit Sauerstoff geflutet und anschließend die Temperatur kontrolliert abgesenkt wird.

verursachen. Ausfällungen können auch als Ausscheidungen an der Oberfläche entstehen. Dabei spielen auch Versetzungen eine große Rolle, in denen Material, getrieben durch innere Verspannungen, leicht an die Oberfläche diffundieren kann. Um diese Ausscheidungen zu verhindern, muss die Schichtstöchiometrie genau eingestellt oder die Diffusion durch geringe Substrattemperaturen, höheren Sauerstoffdruck oder höhere Wachstumsraten reduziert werden.

2.3.3. Lanthanaluminat (LaAlO$_3$)

Neben STO kommt im Rahmen dieser Arbeit auch Lanthanaluminat (LAO) als Substratmaterial für die epitaktische Abscheidung von YBCO zum Einsatz. Beide Materialien zeigen dabei prinzipiell ähnliche kristallographische Eigenschaften. Bei hohen Temperaturen tritt LAO in der kubischen Perowskit-Struktur auf und zeigt wie STO einen antiferrodistortiven Phasenübergang bei etwa 530 °C [114–116] (siehe Abb. 2.10), der ebenfalls mit der Kondensation der Phononenmode an der BRILLOUIN-Zonengrenze in [111]-Richtung verbunden ist. Anders als beim STO kondensieren hier jedoch eine Linearkombination aller drei kubischen Komponenten dieser Mode [115]. Dabei rotieren die AlO$_6$-Oktaeder um die [111]-Achse der kubischen Einheitszelle[24]. Die Tieftemperaturphase nimmt dann die rhomboedrische R$\bar{3}$c-Struktur mit der Gitterkonstante

---

[24]Dieser Übergang ist vom $a^-a^-a^-$-Typ nach der Notation von GLAZER [62].

2.3. Materialsysteme

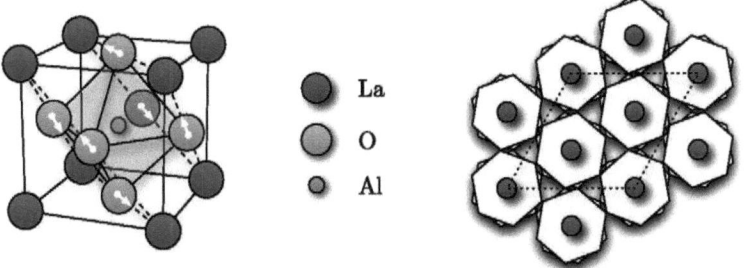

Abbildung 2.10.: Kristallstruktur von Lanthanaluminat. Links: Kubische Einheitszelle. Mit weißen Pfeilen ist die Bewegung der Sauerstoffionen während der Verkippung des AlO_6-Oktaeders am Phasenübergangs bei 530°C angedeutet. Rechts: Schematische Darstellung der rhomboedrischen Struktur als Aufsicht in $[001]_{rhomb}$-Richtung (entspricht der [111]-Richtung in pseudo-kubischer Beschreibung).

$a = 5{,}357$ Å und einem Winkel zwischen den Gittervektoren von $\alpha = 60°6'$ ein. Diese Struktur kann auch rhomboedrisch flächenzentriert mit $a = 7{,}582$ Å und $\alpha = 90°5'$ oder pseudo-kubisch mit $a = 3{,}790$ Å dargestellt werden [114–118]. Die Fehlanpassung an die a- und b-Achse von YBCO beträgt damit $-1{,}0\,\%$ bzw. $-2{,}3\,\%$[25].

Die Kondensation einer polaren Soft Mode wird in LAO nicht beobachtet. Dies hat zur Folge, dass die Permittivität im Temperaturbereich $T = (4 \ldots 300)$ K vergleichsweise kleine Werte zwischen 23 und 24 einnimmt und auch die dielektrischen Verluste sehr gering sind. Aus diesem Grund wird LAO häufig als Substratmaterial für supraleitende Mikrowellen-Bauelemente eingesetzt [120–122].

Auf Grund der Verkippung der AlO_6-Oktaeder und der damit verbundenen Verringerung der Symmetrie des LAO-Kristalls können sich in der rhomboedrischen Tieftemperaturphase Zwillinge[26] ausbilden. Hauptsächlich kommt es dabei zu einer Spiegelung von Kristallbereichen an den rhomboedrischen (101)-, (011)- und (112)-Netzebenen [123]. Diese Eigenschaft kann bei einer Verwendung von LAO als Substratmaterial zu einer Verringerung der kristallographischen Qualität der darauf epitaktisch wachsenden Schicht führen. Dabei spielt insbesondere die häufig beobachtete Wellung der Substratoberfläche

---

[25]Das negative Vorzeichen deutet auf kompressive Fehlanpassung gemäß der Gleichung: $\epsilon = \frac{a_\| - a_0}{a_0}$ mit $a_\|$ der Gitterkonstanten des Substrates und a_0 der Gitterkonstanten der Schicht [119].

[26]Als Zwillinge bezeichnet man Verwachsungen von individuellen Kristallbereichen einer Spezies, wobei die Bereiche durch eine Symmetrieoperation, die keine Eigenschaft des Einkristalls ist, ineinander überführt werden können.

2. Grundlagen

eine große Rolle. Dabei bildet sich an der Verwachsungsstelle ein Winkel zwischen den benachbarten Oberflächen von 0,17° für (101)-Zwillinge bzw. 0,25° für (112)-Zwillinge [123]. Da dies erst unterhalb der Phasenübergangstemperatur geschieht, wird die zunächst ungestörte Schicht während des Abkühlens unter zusätzliche mechanische Spannung gesetzt.

3. Experimentelle Methoden

3.1. Pulsed Laser Deposition

3.1.1. Grundlagen

Die Pulsed Laser Deposition (PLD) ist ein sehr vielseitiges Verfahren zur Herstellung dünner epitaktischer Schichten und Schichtsysteme. Obwohl es auf nahezu alle Materialien anwendbar ist, hat es sich insbesondere für die Abscheidung komplizierter Kristallstrukturen mit definierter Stöchiometrie, wie es zum Beispiel bei Hochtemperatursupraleitern der Fall ist, als sehr erfolgreich erwiesen. Die Vorteile dieses Verfahrens können wie folgt zusammengefasst werden:

- Das abzuscheidende Material wird fernab vom thermischen Gleichgewicht in ein hochenergetisches und hochionisiertes Plasma überführt. Dies ermöglicht einen direkten stöchiometrischen Übertrag des Targetmaterials auf das Substrat und die Abscheidung metastabiler Materialien. Die hohe Reaktivität des Plasmas begünstigt die Adsorbtion auf der Substratoberfläche. Darüber hinaus kann die Oberflächendiffusion neben der richtigen Wahl der Substrattemperatur auch über die Variation der Teilchenenergien (Variation der Laserfluenz oder des Arbeitsdruckes) beeinflusst werden.

- Die Teilchen innerhalb des Plasmas bewegen sich sehr gerichtet vom Target zum Substrat. Diese Eigenschaft kann dazu genutzt werden, bestimmte Kristallorientierungen während des Wachstums zu bevorzugen [124].

- Die Trennung von Beschichtungsraum und Energiequelle ermöglicht die Abscheidung hochreiner Schichten.

- Zusätzliche inerte oder reaktive Gase können eingesetzt werden, um die Teilchenenergien innerhalb des Plasmas oder chemische Reaktionen an der Substratoberfläche zu beeinflussen.

Um das Targetmaterial in das Plasma zu überführen, wird ein kurzer Laserpuls auf die Oberfläche des Targets fokussiert. Im allgemeinen werden dazu Laser mit einer Wellenlänge λ im UV-Bereich und Pulslängen τ_P von wenigen Nanosekunden verwendet. In den letzten Jahren kommen aber verstärkt auch Femtosekunden-Laser zum Einsatz. Die Laserstrahlung dringt an der Targetoberfläche entsprechend ihrer optischen Absorptionslänge $1/\alpha_o$ ein und setzt dort die elektromagnetische Energie instantan in eine elektronische Anregung in Form von Plasmonen, freien Elektronen und Exzitonen um.

3. Experimentelle Methoden

Die angeregten Elektronen geben dann innerhalb weniger Pikosekunden ihre Energie an das Gitter ab. Die folgenden Prozesse werden im Wesentlichen durch die thermische Leitfähigkeit des Materials bestimmt. Dabei lässt sich eine thermische Diffusionslänge $l_T = 2\sqrt{D_{th}\tau_P}$ definieren, wobei D_{th} die thermische Diffusionskonstante ist. Ist l_T kleiner als $1/\alpha_o$ wird während des Pulses nur der Bereich der optischen Eindringtiefe der Laserstrahlung erwärmt. Diese Bedingung muss erfüllt sein, um einen stöchiometrischen Übertrag von Verbindungen zu garantieren.

Für viele Materialien insbesondere bei der Verwendung von Lasern mit geringer Wellenlänge kann die Bedingung $1/\alpha_o > l_T$ nicht erfüllt werden[1]. Während des Laserpulses wird dann effektiv Wärme in das Target transportiert. Dabei wird das Material teilweise thermisch verdampft, und es entsteht eine Erosionswolke. Diese Wolke wird im Fall von Nanosekunden-Pulsen weiter erwärmt und ionisiert, wobei das darunterliegende Material weitestgehend abgeschirmt wird. Auf diese Weise werden sehr heiße Plasmen mit Teilchenenergien $> 100\,\text{eV}$ und hoher Ionisation erzeugt. Die Abtragsrate bleibt jedoch sehr klein. Insbesondere für Metalle ist dieser Prozess maßgeblich und hat entscheidenden Einfluss auf die Schichtbildung [130].

Die Erosionswolke bildet eine KNUDSEN-Schicht, aus der die Teilchen nach Ende des Pulses in das Vakuum bzw. in das umgebende Gas expandieren. Aufgrund der hohen Dichte, die das Plasma zu diesem Zeitpunkt hat, kommt es durch Stöße der Teilchen untereinander zu einer Thermalisierung und Herabsetzung des Ionisationszustandes. Die Expansion erfolgt adiabatisch, wobei die Temperatur des Plasmas auf etwa $(3000\ldots 5000)\,\text{K}$ absinkt. Die Teilchen können dann noch Energien im Bereich $(1\ldots 500)\,\text{eV}$ aufweisen, in der Regel jedoch $(5\ldots 50)\,\text{eV}$. Die Geschwindigkeitsverteilung senkrecht zum Target folgt dabei einer MAXWELL-Verteilung [131]:

$$\mathcal{P}(v) \propto v^3 \exp\left\{\frac{-M(v-\bar{v})^2}{2k_B T}\right\}, \qquad (3.1)$$

wobei M die Masse der ablatierten Ionen, v deren Geschwindigkeit und $\bar{v}$ deren mittlere Geschwindigkeit ist. Die Winkelverteilung der Teilchendichte innerhalb der Plasmakeule kann über eine $\cos^n\theta$-Abhängigkeit beschrieben werden. Der Exponent n kann dabei Werte zwischen 2 und 20 annehmen und hängt deutlich von der Laserfluenz und dem Druck während der Abscheidung ab. Hohe Stoßraten führen zu einer Verbreiterung der Plasmakeule, was gleichbedeutend mit kleinen Werten für n ist. Jedes Element kann dabei eine eigene Winkelabhängigkeit aufweisen und zu sehr komplizierten räumlichen Plasmaverteilungen bei Mehrkomponententargets führen.

Der Ionisationszustand der Teilchen im Plasma beeinflusst wesentlich die physikalischen und chemischen Reaktionen, die zu einem Schichtwachstum am Substrat führen. Er hängt von einer Reihe von Faktoren, wie Wellenlänge, Pulsdauer und Fluenz des Lasers, sowie Targetmaterial und den Bedingungen während des Transportes zum Substrat

---

[1]Eine einfache Abschätzung für die PLD von STO unter Verwendung eines KrF-Excimerlasers ($\lambda = 248\,\text{nm}$, $\tau_P = 25\,\text{ns}$) liefert folgende Werte: $1/\alpha_o \approx 10\,\text{nm}$ [125–127], $l_T \approx 500\,\text{nm}$ [127, 128]. Für YBCO ergibt sich: $1/\alpha_o \approx 44\,\text{nm}$ [129], $l_T \approx 250\,\text{nm}$ [128].

3.1. Pulsed Laser Deposition

hin ab. Trotz der extrem hohen Ionisation während der Entstehungsphase des Plasmas, deutet gerade die Emission sichtbarer Photonen auf eine sehr hohe Anzahl neutraler Teilchen in der Plasmakeule hin. Die Rekombination von Elektronen mit positiven Ionen erfolgt hauptsächlich unter Aussendung von UV-Strahlung. Rekombination sowie Elektronenaustausch zwischen Ionen und neutralen Teilchen erfolgt dabei insbesondere bei hohen Teilchendichten, wenn eine hinreichend hohe Stossrate möglich ist. In dieser Phase entstehen schnelle neutrale Teilchen, deren Anzahl mit höherem Ionisationsgrad in der Erosionswolke zunimmt.

Eines der größten Nachteile der PLD ist die Entstehung von makroskopischen Partikeln, die sich vom Target lösen und sich auf dem Substrat niederschlagen können. Diese Partikel werden auch *Droplets* genannt. Man unterscheidet drei Ursachen für die Bildung von Droplets, die im Folgenden kurz erläutert werden [131]:

Subsurface Boiling Dieser Prozess ist dadurch gekennzeichnet, dass, bevor die Oberflächenschicht verdampft ist, effektiv Wärme in tiefere Schichten transportiert wird. Das Material beginnt unter der Oberfläche zu sieden, und es werden explosionsartig Droplets von wenigen Mikrometern Größe aus dem Target gelöst. Dies ist insbesondere bei Materialen mit hoher Leitfähigkeit zu beobachten und kann für Dielektrika vernachlässigt werden. Nur eine Herabsetzung der Laserfluenz kann hier die Droplet-Zahl verringern.

Recoil Ejection Der Rückstoßdruck der sich ausbreitenden Plasmakeule wirkt auf die Schmelze unter dem Laserfokus. Die so entstehenden Droplets haben auch hier eine Größe von wenigen Mikrometern.

Exfoliation Durch mehrfaches Aufschmelzen der Targetoberfläche bilden sich Auswachsungen, die sich bei wiederholtem Laserbeschuss lösen können. Diese Droplets können mehrere Mikrometer groß werden. Dieser Effekt kann verhindert werden, indem man die Oberflächenrauheit des Targets möglichst gering hält und die Position des Laserfokuses während der Abscheidung stetig verändert [132]. Alternativ können auch flüssige Targets verwendet werden.

3.1.2. Vakuumanlage für die Pulsed Laser Deposition

Für alle in dieser Arbeit beschriebenen epitaktischen Abscheidungen mittels PLD wurde die in Abb. 3.1 schematisch dargestellte Vakuumanlage verwendet. Als Laserquelle dient ein KrF-Excimerlaser[2]. Der Strahl wird zunächst durch einen Abschwächer zur genauen Einstellung der Pulsenergie geleitet und anschließend über ein Spiegelsystem und eine Quarzlinse auf das Target in der Anlage fokussiert. Mithilfe von Schrittmotoren (Scanner) wird ein Umlenkspiegel dabei so verkippt, dass das Target in einem rechteckigen Profil abgerastert wird. Auf diese Weise kann die Dropletbildung vermindert und gleichzeitig eine bessere Schichtdickenhomogenität erreicht werden. Vor jeder

---
[2]Lambda Physics LPX 305i: Wellenlänge 248 nm, Pulsdauer ≈ 25 ns, Energie pro Puls (500...1200) mJ.

3. Experimentelle Methoden

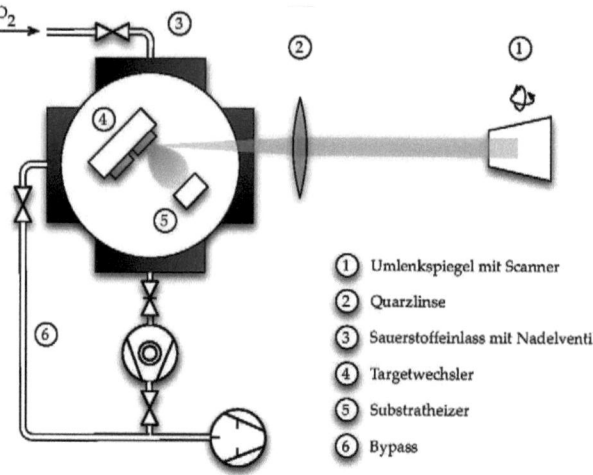

① Umlenkspiegel mit Scanner
② Quarzlinse
③ Sauerstoffeinlass mit Nadelventil
④ Targetwechsler
⑤ Substratheizer
⑥ Bypass

Abbildung 3.1.: Schematische Darstellung der verwendeten Vakuumanlage zur lasergestützten Abscheidung dünner Schichten und Mehrschichtsysteme.

Beschichtung wird die Laserenergie $\mathcal{E}_T$ mit Hilfe eines Ophir-Energiemonitors in der Anlage kontrolliert. Im Fokus hat das Laserprofil eine nahezu rechteckige Form mit einer Ausdehnung von etwa $1 \times 1{,}5\,\text{mm}^2$. Mithilfe eines Targetwechslers können *in situ* bis zu drei unterschiedliche Materialien abgeschieden werden.

Der Heizer, auf dem das Substrat zur besseren Wärmeleitung mittels Leitsilber befestigt wird, befindet sich *on-axis* in einem Abstand von 4 cm gegenüber dem Target. Diese Geometrie ermöglicht eine bestmögliche Schichtdickenhomogenität auf typischen Substratgrößen von $5 \times 10\,\text{mm}^2$ und $10 \times 10\,\text{mm}^2$ [133]. Die Temperaturkontrolle erfolgt über ein neben dem Substrat befestigtes Thermoelement und einen PID-Controller, mit dessen Hilfe der Heizstrom I_H während der Beschichtung gesteuert wird. In dieser Anordnung ist eine genaue Bestimmung der Substratoberflächentemperatur nicht möglich. Aus diesem Grund wird im Folgenden die Heizertemperatur T_H als Prozessparameter angegeben.

Die Vakuumanlage kann über eine Turbomolekularpumpe auf einen Restgasdruck $p_0 < 5 \cdot 10^{-5}\,\text{Pa}$ evakuiert werden. Für die Abscheidung wird über ein Nadelventil ein konstanter Sauerstoffdruck p_{O_2} eingestellt. Um die Turbomolekularpumpe dabei nicht zu überlasten, wird sie vom Rezipienten abgetrennt und der Rezipient über einen Bypass direkt mit der Drehschieberpumpe weiter gepumpt.

3.1.3. Prozessführung zur Abscheidung epitaktischer Mehrschichtsysteme

Im Folgenden wird kurz die Prozessabfolge beschrieben, mit der die Schichtsysteme mittels PLD in der oben beschriebenen Anlage abgeschieden wurden. In Abb. 3.2 ist zur besseren Veranschaulichung der zugehörige zeitliche Ablauf von Heizertemperatur und Sauerstoffdruck dargestellt:

- Die jeweils verwendeten Substrate wurden zunächst auf einer in der Arbeitsgruppe vorhandenen Poliermaschine geläppt und poliert.

- Vor dem Einbau in die PLD-Anlage werden die Substrate mit Azeton und Alkohol gereinigt, um sämtliche Verunreinigungen der Oberfläche zu entfernen.

- Das gereinigte Substrat wird dann mittels Leitsilber auf dem Heizer aufgeklebt, um einen gleichmäßigen thermischen Kontakt zu gewährleisten. Das Lösungsmittel wird anschließend durch langsames Erwärmen des Heizers auf ca. 100°C verdampft. Dabei ist darauf zu achten, dass sich keine Blasen unter dem Substrat bilden. Im Anschluss wird der Heizer kurz auf 300°C erhitzt, um letzte Lösungsmittelrückstände sicher zu entfernen und ein Ausgasen in der Vakuumanlage zu verhindern.

- Die Anlage wird nun evakuiert auf einen Restgasdruck von $p_0 < 10^{-3}$ Pa. Dabei kühlt der Heizer wieder auf Raumtemperatur ab.

- Der Heizer wird auf die Abscheidetemperatur geheizt und der Sauerstoffpartialdruck eingestellt. Vor der Abscheidung wird bei geschlossener Schutzblende (zwischen Target und Substrat) das Target durch Beschuss mit dem Laser für etwa 30 s von möglichen Oberflächenverunreinigungen befreit.

- Nachdem sich Temperatur und Sauerstoffdruck stabilisiert haben, erfolgt die Abscheidung des Schichtsystems. Die Abscheidebedingungen werden dabei der jeweiligen Schicht angepasst.

- Zur weiteren Oxidation insbesondere der YBCO-Schichten wird die Anlage mit Sauerstoff geflutet ($p_{O_2} \approx 8 \cdot 10^4$ Pa) und der Heizer mit einer Rate von etwa 50 K/min abgekühlt. Um einen zusätzlichenAusheil-Schritt einzufügen, kann der Abkühlprozess bei einer definierten Temperatur (üblicherweise bei 500°C) für eine bestimmte Zeit unterbrochen werden.

3.2. Dünnschichtanalytik

Zwischen Struktur und elektrischen Eigenschaften einer dünnen Schicht besteht ein enger Zusammenhang. Um die Auswirkung struktureller Unterschiede auf die Eigenschaften der STO-Schichten bewerten zu können, und um eine hohe Qualität der einzelnen Schichten sicherzustellen, wurden eine Reihe von Analysemethoden angewendet. Das

3. Experimentelle Methoden

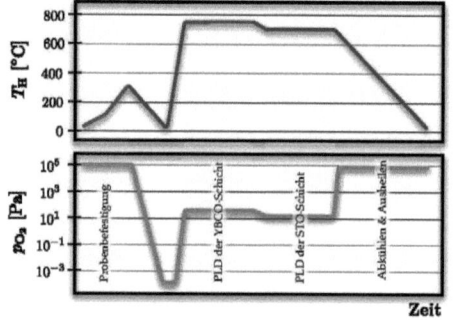

Abbildung 3.2.: Prozessführung während der Abscheidung von Dünnschichtsystemen mittels PLD.

Hauptaugenmerk lag dabei auf der RÖNTGEN-Strukturanalyse, mit deren Hilfe Aussagen über Gitterparameter und kristalliner Perfektion einer dünnen Schicht auch in Mehrschichtsystemen getroffen werden können. Diese Aussagen können durch Querschnittsaufnahmen mittels Transmissionselektronenmikroskopie vervollständigt werden. Die Qualität der Oberflächen wurde mittels Rasterelektronen- und Rasterkraftmikroskopie kontrolliert. Ein weiteres Verfahren – die RUTHERFORD-Rückstreu-Spektrometrie – wurde hauptsächlich zur Bestimmung der Dicken einzelner Schichten in Mehrschichtsystemen angewendet. Details zu diesen Verfahren werden im Folgenden kurz erläutert.

3.2.1. Röntgendiffraktometrie

Zur Aufklärung der Struktur von Festkörpern über Beugungsexperimente muss Strahlung verwendet werden, deren Wellenlänge vergleichbar ist mit typischen interatomaren Abständen. Die Voraussetzung wird von RÖNTGEN-Strahlung erfüllt. Eine weitere Voraussetzung ist, dass die Strahlung elastisch mit den Atomen des Festkörpers wechselwirken kann. Im Falle der RÖNTGEN-Strahlung kommt nur die sogenannte THOMSON-Streuung in Frage, bei der die Elektronen der Atomhülle zu Schwingungen angeregt werden und damit zur Quelle von Dipolstrahlung mit der gleichen Frequenz wie die anregende Strahlung werden. Der Atomkern erfährt ebenfalls eine Anregung auf Grund der einfallenden RÖNTGEN-Strahlung. Die Intensität der gestreuten Strahlung ist jedoch um mehrere Größenordnungen geringer als die der Elektronen. Darüber hinaus finden auch inelastische Prozesse statt (COMPTON-Streuung, Photoionisation), die hier jedoch nicht betrachtet werden sollen.

Jedes Atom wird nach der Streuung der einfallenden Welle zum Ursprung einer Kugelwelle. Im Falle einer regelmäßigen Anordnung der Atome in einem Kristallgitter mit den Basisvektoren $\vec{a}$, $\vec{b}$ und $\vec{c}$ können diese Kugelwellen genau dann konstruktiv miteinander

3.2. Dünnschichtanalytik

interferieren, wenn die LAUE-Gleichungen erfüllt sind:

$$\vec{a} \cdot (\vec{k} - \vec{k}_0) = 2\pi \hat{h} , \qquad (3.2)$$
$$\vec{b} \cdot (\vec{k} - \vec{k}_0) = 2\pi \hat{k} , \qquad (3.3)$$
$$\vec{c} \cdot (\vec{k} - \vec{k}_0) = 2\pi \hat{l} . \qquad (3.4)$$

Hier sind $\vec{k}$ und $\vec{k}_0$ jeweils der Wellenzahlvektor der ausfallenden und der einfallenden Welle. $\hat{h}$, $\hat{k}$ und $\hat{l}$ sind ganze Zahlen und werden auch LAUE-Indizes genannt. Äquivalent zu den LAUE-Gleichungen ist die BRAGG-Bedingung:

$$2 d_{hkl} \sin \theta_B = n\lambda , \qquad (3.5)$$

die angibt, unter welchem Winkel θ_B[3] bei gegebenen Netzebenenabstand d_{hkl} und Wellenlänge der RÖNTGEN-Strahlung λ ein Reflex zu erwarten ist. Die ganze Zahl n repräsentiert dabei die jeweilige Beugungsordnung. Der Netzebenenabstand für rechtwinklige Gitter berechnet sich aus dem senkrecht auf der jeweiligen Ebene stehenden reziproken Gittervektor $\vec{G}$ wie folgt:

$$d_{hkl} = \frac{2\pi}{|\vec{G}|} = \left(\frac{h^2}{a^2} + \frac{k^2}{b^2} + \frac{l^2}{c^2} \right)^{-1/2} . \qquad (3.6)$$

Hier sind die Zahlen h, k und l die MILLER'schen Indizes, mit deren Hilfe eine Netzebene eindeutig bestimmt ist.

θ-2θ-Scan

Die Strukturaufklärung in dünnen Schichten wird in dieser Arbeit mit Hilfe eines θ-2θ-Diffraktometers durchgeführt. Da die Intensität eines Reflexes sowohl von der Interferenzfunktion[4] als auch vom Abstand zwischen Probe und Detektor abhängt, muss sichergestellt werden, dass sich der Probe-Detektor-Abstand während eines Scans um die Probe nicht ändert. Der verwendete Aufbau entspricht einem BRAGG-BRENTANO-Diffraktometer und ist zusammen mit einer Prinzipskizze zum θ-2θ-Scan in Abb. 3.3 abgebildet. In dieser Geometrie werden sowohl die Quelle als auch der Detektor genau so bewegt, dass der Winkel des einfallenden Strahls genau dem des ausgehenden Strahls entspricht ($\theta_{in} = \theta_{out}$). Anders ausgedrückt wird der Winkel zwischen einfallendem und ausfallendem Strahl, 2θ, kontinuierlich verändert. Damit steht der Beugungsvektor ($\vec{k} - \vec{k}_0$) immer parallel zur Substratnormalen, und es werden nur Beugungsreflexe von Netzebenen parallel zur Substratoberfläche vermessen.

---
[3]Dieser Winkel wird auch Glanzwinkel oder BRAGG-Winkel genannt.
[4]Die Interferenzfunktion enthält alle Informationen über das beugende Gitter. Durch die Messung der Beugungsreflexe und dessen Form können daher Rückschlüsse auf die kristallographischen Eigenschaften der Probe gezogen werden.

3. Experimentelle Methoden

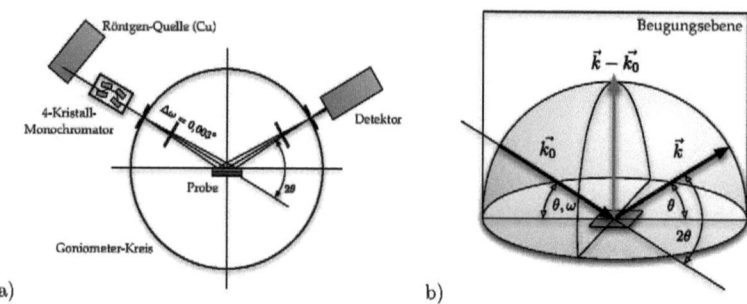

Abbildung 3.3.: a) Schematischer Aufbau des verwendeten RÖNTGEN-Diffraktometers. Der Monochromator und nachfolgende Blenden beschränken des Spektrum des einfallenden Strahls auf die Cu_{K_α}-Linie. Die Strahldivergenz kann auf etwa 0,003° eingeschränkt werden. b) Prinzip des θ-2θ-Scans nach [134].

Die Intensität eines Reflexes hängt dabei von einer Reihe von Faktoren ab. Als Erstes wäre hier der Strukturfaktor zu nennen, der sich wie folgt berechnet:

$$S = \sum_{n=1}^{N} f_n \exp\left(i\vec{G}\vec{r}_n\right) . \qquad (3.7)$$

N ist die Zahl der Atome pro Einheitszelle und $\vec{r}_n$ der Ort des n-ten Atoms innerhalb der Einheitszelle. Die jeweilige Atomart wird über den atomaren Formfaktor f_n berücksichtigt, der jedoch auch vom Winkel θ abhängt. Bei polykristallinen Proben müssen Multiplizität (Zahl der äquivalenten Netzebenen) und ein Geometriefaktor (berücksichtigt Aufweitung des Interferenzrings für große θ) berücksichtigt werden. Neben der Polarisation der RÖNTGEN-Strahlung und deren Absorption in der zu messenden Schicht hat auch die Temperatur einen großen Einfluss auf die Intensität eines Reflexes. Aufgrund der Bewegung der Atome um deren Ruhelage kommt es zum Verlust an Phasenkohärenz der ausfallenden Strahlung und damit zu einer Verringerung der Intensität bei hohen Temperaturen.

Entscheidend wirkt sich auch eine Textur[5] auf die am Detektor gemessene Intensität aus. Sie steigt, je mehr Netzebenen an der Beugung beteiligt sind. Im Falle von einkristallinen bzw. epitaktischen Proben konzentriert sich die gesamte Intensität auf einzelne Punkte auf der Detektor-Hemisphäre. Die Güte der Orientierung kann dann mithilfe von Rocking-Kurven bestimmt werden.

---

[5]Mit Textur bezeichnet man das Auftreten bestimmter Netzebenen mit höherer Wahrscheinlichkeit im Vergleich zu anderen (in polykristallinen Proben treten alle Netzebenen mit gleicher Wahrscheinlichkeit auf).

3.2. Dünnschichtanalytik

ω-Scan – Rocking-Kurven

Zur Bestimmung der Rocking-Kurven wird der Detektor fest auf einen 2θ-Winkel eingestellt. Die Probe wird dann auf dem θ-Kreis um den BRAGG-Winkel θ_B verkippt. θ- und 2θ-Kreis sind damit entkoppelt. Um Verwechslungen zu vermeiden, wird daher häufig der Einfallswinkel mit ω bezeichnet. Bei einer gut texturierten Probe verringert sich die Zahl der beugenden Netzebenen, je weiter die Probe vom BRAGG-Winkel weggekippt wird. Die Halbwertsbreite (FWHM[6]) der Rocking-Kurve kann damit als Maß für die Güte einer *out-of-plane*-Orientierung herangezogen werden.

Für große Differenzen zwischen ω und θ_B kann es zu einer Verfälschung der Ergebnisse auf Grund der Defokussierung der ausfallenden RÖNTGEN-Strahlung kommen. Zusätzlich verändert sich auch die Absorption in der Schicht mit der Änderung des Strahlengangs bei der Verkippung.

3.2.2. Rutherford-Rückstreu-Spektrometrie

Die RUTHERFORD-Rückstreu-Spektrometrie (RBS[7]) ist ein Festkörperanalyseverfahren, bei dem leichte Ionen der Masse M_1 mit Energien zwischen 100 keV und einigen MeV auf ein zu untersuchendes Target beschleunigt werden. Die Ionen werden an den Targetatomen der Masse M_2 elastisch gestreut und geben dabei einen Teil ihrer Energie an diese ab. Anzahl und Energie der gestreuten Ionen werden dann von einem Detektor unter einem Winkel $\theta > 90°$ (rückgestreute Ionen) in einem Raumwinkel $\Delta\Omega$ (bestimmt durch Detektorgeometrie) registriert. Der Energieverlust, den ein Ion durch einen Stoß erfährt, wird mithilfe des kinematischen Faktors K beschrieben:

$$\mathcal{E}_2 = K \cdot \mathcal{E}_0 \,, \tag{3.8}$$

wobei $\mathcal{E}_0$ die Energie des Ions vor und $\mathcal{E}_2$ nach dem Stoss ist. Der kinematische Faktor selbst ist gegeben durch:

$$K = \left[\frac{\cos\theta + \sqrt{(M_2/M_1)^2 + \sin^2\theta}}{1 + M_2/M_1}\right]^2 . \tag{3.9}$$

Er hängt damit nur vom Verhältnis der Massen M_1, M_2 und vom Streuwinkel θ ab.

Um eine möglichst große Massenauflösung zu erreichen, muss auch der Energieunterschied durch die Streuung an unterschiedlichen Targetatomen $\Delta\mathcal{E}_2 = \mathcal{E}_0 \left(\frac{\mathrm{d}K}{\mathrm{d}M_2}\right)$ möglichst groß sein. Daher sollte der Streuwinkel idealerweise 180° betragen. Um den einfallenden Ionenstrahl jedoch nicht durch den Detektor zu stören, können häufig nur Streuwinkel um 170° realisiert werden. Mit einer Energieauflösung des Detektors $\Delta\mathcal{E}_D$ kann die Massenauflösung einer RBS-Anlage wie folgt angegeben werden:

$$\Delta M_2 = \frac{\Delta\mathcal{E}_D}{\mathcal{E}_0 \left(\frac{\mathrm{d}K}{\mathrm{d}M_2}\right)} . \tag{3.10}$$

---
[6]FWHM – engl. *Full Width at Half Maximum*.
[7]RBS – engl. RUTHERFORD-*Backscattering-Spectometry*.

3. Experimentelle Methoden

Da der Faktor $\left(\frac{\mathrm{d}K}{\mathrm{d}M_2}\right)$ sehr schnell mit steigender Targetatom-Masse abnimmt, können benachbarte Elemente meist nur unterschieden werden, wenn sie sehr leicht sind. Erfolgt die Streuung der Ionen nicht an der Targetoberfläche, kommt es zu zusätzlichen Energieverlusten sowohl beim Eindringen als auch beim Verlassen des Targets. Diese Energieverluste werden durch inelastische Streuung an den Elektronen der Targetatome und durch elastische Kleinwinkelstreuung verursacht. Vor dem Stoß in der Tiefe z unter der Targetoberfläche hat das Ion damit nur die Energie:

$$\mathcal{E}_1 = \mathcal{E}_0 - \int_0^{z/\cos\phi_1} \left(\frac{\mathrm{d}\mathcal{E}}{\mathrm{d}s}\right)_{\mathrm{in}} \mathrm{d}s \, , \tag{3.11}$$

wobei ϕ_1 der Winkel zwischen einfallenden Strahl und der Targetnormalen ist. Die vom Detektor gemessene Energie des Ions nach dem Stoß kann dann wie folgt angegeben werden:

$$\mathcal{E}_2(z) = K \left[\mathcal{E}_0 - \int_0^{z/\cos\phi_1} \left(\frac{\mathrm{d}\mathcal{E}}{\mathrm{d}s}\right)_{\mathrm{in}} \mathrm{d}s\right] - \int_0^{z/\cos\phi_2} \left(\frac{\mathrm{d}\mathcal{E}}{\mathrm{d}s}\right)_{\mathrm{out}} \mathrm{d}s \, . \tag{3.12}$$

Mithilfe von Gl. (3.12) kann nun bei bekannter Schichtfolge und Zusammensetzung ein zugehöriges Spektrum simuliert werden. Weitere Informationen zum RBS-Verfahren und numerischen Methoden der Simulation findet man in [135].

In dieser Arbeit wurden RBS-Untersuchungen hauptsächlich zur zerstörungsfreien Messung der einzelnen Schichtdicken in Mehrschichtsystemen durchgeführt. Dazu wird das Spektrum der Probe in einer zufälligen Orientierung (der einfallende Strahl darf nicht parallel zu einer Kristallachse stehen) aufgenommen und anschließend mit einer Simulation verglichen. Die Simulation der Spektren wurde mit dem Programm RUBSODY [136] durchgeführt. Dazu muss die Schichtabfolge und Zusammensetzung der Probe angegeben werden. Durch Variation der einzelnen Schichtdicken wird versucht, das gemessene Spektrum so gut wie möglich wiederzugeben. In Abb. 3.4 ist ein solches Spektrum und dessen Simulation abgebildet. Mit diesem Verfahren kann die Schichtdicke bis auf einen Fehler von $5\ldots 10\,\%$ bestimmt werden.

3.2.3. Mikroskopie

Zur Aufklärung sowohl der Oberflächenbeschaffenheit als auch der Struktur der Probe im Querschnitt wurde in dieser Arbeit eine Reihe von (raster-)mikroskopischen Verfahren eingesetzt. Details zu deren Grundlagen können der Literatur entnommen werden [137–140]. An dieser Stelle sollen die verwendeten Geräte und die Auswertung der erhaltenen Rohdaten beschrieben werden.

Rasterelektronenmikroskop (REM) Oberflächenuntersuchungen mittels REM erfolgten an einem *JEOL JSM-6490* mit LaB$_6$-Kathode. Es verfügt sowohl über einen Detektor für rückgestreute Elektronen als auch für Sekundärelektronen. Nach Herstellerangaben

3.2. Dünnschichtanalytik

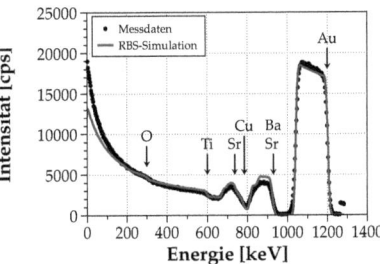

Abbildung 3.4.:
RBS-Spektrum eines YBCO/STO/Au-Schichtsystems auf einem STO-Substrat mit zugehöriger Simulation zur Bestimmung der Dicke der Einzelschichten. Die einfallenden He-Ionen wurden auf eine Energie von 1,4 MeV beschleunigt. Die Pfeile markieren, welche Kante in Spektrum durch welches Element hervorgerufen wird.

können damit Vergrößerungen bis 300.000 mit einer Auflösung von 3,0 nm (bei einer Beschleunigungsspannung von 30 kV) erreicht werden. Im realen Betrieb wurde jedoch nur eine Vergrößerung von 50.000 erreicht. Zusätzlich kann eine lokale Analyse der chemischen Zusammensetzung einer Probe mittels EDX[8] druchgeführt werden.

Rasterkraftmikroskop (AFM[9]) Aufnahmen der Oberflächenstruktur wurden mit einem *Nanosurf easyScan 2* durchgeführt. Die Auflösung in Z-Richtung beträgt nach Herstellerangaben 0,027 nm (Rauschlevel max. 0,07 nm) und in XY-Richtung 0,15 nm. Der verwendete Cantilever hat einen Spitzenradius von 10 nm. Alle in der Arbeit gezeigten Aufnahmen wurden im *intermittent contact mode* (oder auch *tapping mode* genannt) durchgeführt.

Die Auswertung der Rohdaten erfolgte mit dem Programm GWYDDION [141]. Hiermit wurde zunächst eine Linien- und anschließend eine Ebenenkorrektur durchgeführt. Das Programm bietet zudem die Möglichkeit, eine Reihe von statistischen Daten wie die Oberflächenrauheit, auszugeben. Weiterhin wurde mit GWYDDION die Oberflächenkörnung analysiert (siehe Abschnitt 4.3.2). Als Körner wurden dazu alle zusammenhängenden Punkte identifiziert, die einen bestimmten Höhenwert überschreiten. Die Zählung und Größenbestimmung erfolgt automatisch, wobei der äquivalente Radius einer gedachten Scheibe ausgegeben wurde, die die gleiche Fläche einnimmt, wie das jeweilige Korn.

Transmissionselektronenmikroskop (TEM) Alle TEM-Untersuchungen wurden an einem *JEOL JEM-3010* mit einer LaB$_6$-Kathode durchgeführt. Die Beschleunigungsspannung wurde auf 300 kV eingestellt. Auf diese Weise ist eine Vergrößerung von 1.200.000 bei einer Punkt-Auflösung von 0,17 nm und einer Linien-Auflösung von 0,14 nm möglich. Auch dieses Mikroskop verfügt über eine EDX-Scaneinheit.

Um eine Elektronenbeugung zu ermöglichen, mussten die Proben entsprechend präpariert werden. Dazu wurden diese zunächst in der Mitte geteilt und an der Schichtseite aufeinander geklebt. Anschließend wurde die Probe in dünne Scheiben zersägt und me-

---
[8]EDX - engl. *Energy-dispersive X-ray Spectroscopy.*
[9]AFM - engl. *Atomic Force Microscope.*

3. Experimentelle Methoden

chanisch auf einer Polierscheibe auf wenige Mikrometer abgedünnt. Die so entstandenen Lamellen wurden auf einem Halterungsring befestigt und mithilfe zweier Ionenstrahlen im streifenden Einfall von beiden Seiten bis zur Ausbildung eines kleinen Loches abgeätzt. Am Rand dieses Loches konnten dann die TEM-Untersuchungen durchgeführt werden. Problematisch erwies sich bei dieser Prozedur die hohe Empfindlichkeit der YBCO-Schicht gegenüber der äußeren Luftfeuchtigkeit. Unter Wassereinwirkung kann sich diese sehr leicht zersetzen. Um das YBCO für die TEM-Präparation zu schützen, wurde nach der Abscheidung der Schicht bzw. des Schichtsystems eine dünne SiO_2-Schicht als Passivierung aufgetragen. Die Eignung von SiO_2 als Passivierung konnte an supraleitenden Bauelemente bereits nachgewiesen werden [142–145]. Nach der Präparation muss darauf geachtet werden, dass die Proben in trockener Umgebung transportiert und möglichst schnell in das Mikroskop eingeschleust werden.

Die erhalten HRTEM[10]-Aufnahmen konnten mithilfe von GWYDDION durch FOURIER-Filterung weiter bearbeitet werden, um die Kristallstruktur deutlich sichtbar zu machen. Dazu wurden im Wellenzahlraum Masken auf einzelne Reflexe angewendet und anschließend eine FOURIER-Rücktransformation durchgeführt.

3.3. Elektrische Untersuchungen

3.3.1. Verwendete Messsysteme

Zur temperaturabhängigen Bestimmung der Kapazitäten und der I-U-Kennlinien musste zunächst ein neues Messsystem aufgebaut werden, da die vorhandenen Systeme in der Arbeitsgruppe für die rauscharme Messung an sehr niederohmigen (supraleitenden) Proben ausgelegt und Kapazitätsmessungen aufgrund von eingebauten Filtern nicht möglich waren. Dies erforderte auch den Aufbau eines neuen Messstabes, der an die verwendeten Messgeräte und Messaufgaben angepasst ist. Für die Kennlinienaufnahme wurde eine *Keithley SMU 236* (SMU) verwendet, da für epitaktische STO-Schichten mit Schichtdicken bis 250 nm sehr große Widerstände im Bereich von einigen Gigaohm zu erwarten waren. Die SMU besitzt dafür nach Herstellerangaben einen Innenwiderstand von etwa einem Teraohm und ermöglicht die Messung kleinster Ströme bis hinunter zu etwa 100 fA. Zudem stellt die Triaxial-Geometrie mit Guard in den *high*-Anschlüssen des Ein- und Ausgangs sicher, dass keine Leckströme über die Kabelisolation gegen Masse abfließen können. Dazu muss der Guard im Messstab bis zur Probe geführt werden. Für alle folgenden elektrischen Untersuchungen gilt die Konvention, dass Spannungen relativ zum Potential der unteren Elektrode angegeben werden.

Die Messung der Kapazitäten erfolgte mit dem *Agilent LCR-Meter E4980A*. Dazu wurde der Adapter *Agilent 16065C* verwendet, der es ermöglichte, über eine zusätzliche Spannungsquelle eine Bias-Spannung für feldabhängige Kapazitätsmessungen anzulegen. Die Messung der komplexen Impedanz erfolgte über vier Leitungen[11]. Mittels

---
[10]HRTEM – engl. *High Resolution Transmission Electron Microscopy*.
[11]Jeweils *high* und *low* für Spannung und Strom.

3.3. Elektrische Untersuchungen

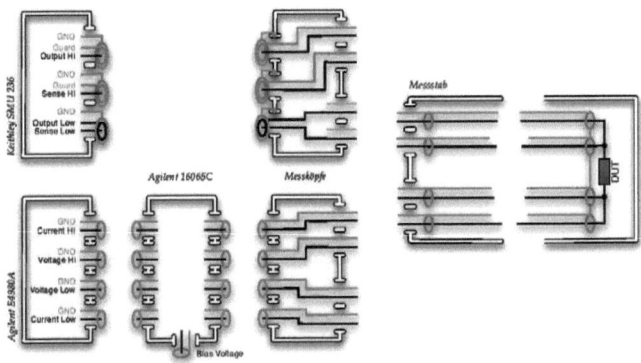

Abbildung 3.5.: Prinzipieller Aufbau des Messsystems für Kapazitätsmessungen und die Aufnahme von I-U-Kennlinien.

einer Abgleichprozedur konnten damit verbundene parasitäre Widerstände und Kapazitäten/Induktivitäten aus dem Messergebnis eliminiert werden. Um Verfälschungen des Messergebnisses zu verhindern, musste aber auch hier die Schirmung der Leitungen im Messstab bis zur Probe geführt werden.

Eine weitere Anforderung an den Messstab war, dass durch einfachen Austausch eines angepassten Messkopfes nacheinander die Messung der I-U-Kennlinien und der Kapazität möglich ist. Auf diese Weise kann die vollständige Charakterisierung einer Probe deutlich beschleunigt werden, da der Umbau in einen neuen Messstab zwischen den Messungen vermieden werden kann. In Abb. 3.5 sind die neu konzipierten Messköpfe, der Probenraum, sowie eine schematische Skizze zur Kabelführung vom Messgerät bis zur Probe dargestellt. Vier Leitungen werden als BNC-Kabel zur Probe geführt, wobei die Schirmung für die Kapazitätsmessung gleichzeitig als Guard für die Aufnahme der Kennlinien dient.

Die Messungen erfolgten von Raumtemperatur bis 4,2 K in einem Helium-Dewar. Um auch bei Temperaturen zwischen diesen Grenzwerten messen zu können, wurde der Messstab so im Heliumgas innerhalb des Dewars positioniert, dass sich die gewünschte Temperatur einstellt. Mittels eines PID-Controllers, der die Position kontinuierlich nachregelt, kann die Temperatur bis auf 0,1 K konstant gehalten werden. Die Messung der Temperatur selbst erfolgte mit einer kalibrierten Diode (*LakeShore DT-470-DS-13*), die direkt hinter der Probe thermisch gut kontaktiert im Probenhalter befestigt war.

Neben dem neu aufgebauten System stand ein weiterer Messplatz zur Verfügung, mit dem Messungen sowohl von I-U-Kennlinien, als auch der differentiellen Leitfähigkeit bei Temperaturen bis etwa 350 mK in einen ^{3}He-Kryostaten durchgeführt werden konn-

3. Experimentelle Methoden

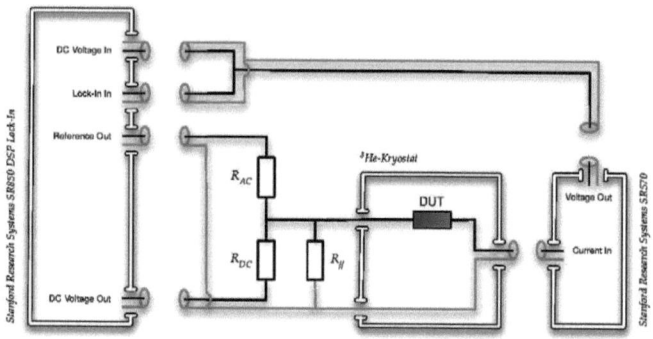

Abbildung 3.6.: Prinzipieller Aufbau des Messsystems für die Aufnahme von I-U- und σ-U-Kennlinien bis Temperaturen um 350 mK in einem ^{3}He-Kryostaten. Das DC- und AC-Signal des Lock-In Verstärkers kann über die Spannungsteiler R_{DC}-$R_\|$ bzw. R_{AC}-$R_\|$ einzeln verstellbar angepasst werden. Der Strom durch die Probe wird vom Stromverstärker gemessen und anschließend durch den Lock-In Verstärker ausgewertet.

ten. Kapazitätsmessungen waren aufgrund eingebauter Filter zur Rauschunterdrückung nicht möglich. Auch eine Vier-Punkt-Messung konnte in dem bestehenden Aufbau nicht realisiert werden. Der prinzipielle Aufbau dieses Messplatzes ist in Abb. 3.6 dargestellt. Spannungsausgabe und Aufzeichnung des Messsignals erfolgte über einen *Stanford Research Systems SR850 DSP* Lock-In Verstärker, wobei der Strom durch die Probe von einem *Stanford Research Systems SR570* Stromverstärker gemessen und eine äquivalente Spannung an den Lock-In Verstärker ausgegeben wurde. Dieses Signal wurde dann entweder für die I-U-Kennlinien über einen Analogeingang oder für die differentielle Leitfähigkeit über den Lock-In-Eingang aufgezeichnet. Um die volle Auflösung des DA-Wandlers für die Spannungsausgabe auszunutzen, wurde sowohl die Gleichspannung, als auch die Wechselspannung (Referenzsignal des Lock-In Verstärkers) über einen vorgeschalteten einstellbaren Spannungsteiler auf den gewünschten Bereich heruntergeteilt.

3.3.2. Korrekturen der dielektrischen Response

Proben auf STO-Substraten

Ein großer Teil der Proben wurden auf STO-Substraten, die auch hauptsächlich für die Herstellung von supraleitenden Bauelementen auf YBCO-Basis zum Einsatz kommen, hergestellt. Deren starke Temperaturabhängigkeit der Permittivität hat jedoch einen großen Einfluss auf die Messung der Schichtkapazitäten in den verwendeten Strukturen.

3.3. Elektrische Untersuchungen

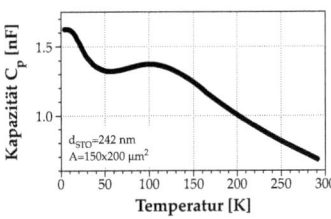

Abbildung 3.7.:
Temperaturabhängigkeit der Kapazität für eine Probe hergestellt auf einem STO-Substrat.

Abb. 3.7 zeigt eine typische $C(T)$-Abhängigkeit. Die Kurve zeigt ein Maximum bei etwa 100 K, sinkt zunächst mit fallender Temperatur ab und zeigt anschließend einen steilen Anstieg mit einer Sättigung für $T < 10$ K. Der steile Anstieg bei tiefen Temperaturen ist auf eine hohe Streukapazität durch das Substrat zurückzuführen. Dies lässt sich einfach zeigen, indem man die Abhängigkeit der Kapazität von der jeweiligen Kontaktfläche A auswertet. Die Streukapazität C_0 sollte im Wesentlichen unabhängig von der Kontaktfläche sein. Damit ergibt sich die Gesamtkapazität der Struktur zu:

$$C(T, A) = C_0(T) + \varepsilon_0 \varepsilon_\mathrm{r}(T) \frac{A}{d} \ . \tag{3.13}$$

Aus dem Anstieg von $C(T, A)$ kann dann die Permittivität der Schicht bestimmt werden.
Abb. 3.8 zeigt exemplarisch die Auswertung für verschiedene Temperaturen und die daraus erhaltene Temperaturabhängigkeit von C_0 und ε_r. Erstere stimmt mit dem Verlauf nach der BARRETT-Formel [146], welche das Temperaturverhalten der Permittivität von Quantenparaelektrika beschreibt, gut überein:

$$\varepsilon_\mathrm{r} = \frac{\mathcal{C}}{\frac{1}{2} T_1 \coth(T_1/2T) - T_\mathrm{C}} \ . \tag{3.14}$$

Hier ist $\mathcal{C}$ die CURIE-Konstante, T_1 die Temperatur, unterhalb der Quanteneffekte die dielektrischen Eigenschaften beeinflussen, und T_C die CURIE-Temperatur. Abweichungen von diesem Verhalten insbesondere bei tiefen Temperaturen sind nicht ungewöhnlich und können darauf zurückgeführt werden, dass Gl. (3.14) Kopplungen an andere Phononenmoden nicht berücksichtigt [64].

Einfluss des Widerstandes der YBCO-Elektrode

Zur Bestimmung der Kapazität und des Verlusttangens einer Probe misst das LCR-Meter zunächst deren komplexe Admittanz Y. Unter der Annahme einer einfachen Parallelschaltung einer idealen Kapazität C_p und eines Widerstandes R_p lassen sich die dielektrischen Parameter leicht bestimmen:

$$C_\mathrm{p} = -\frac{\mathrm{Im}\,Y}{\omega} \ , \quad \tan\delta = \frac{1}{\omega R_\mathrm{p} C_\mathrm{P}} \ . \tag{3.15}$$

3. Experimentelle Methoden

a) 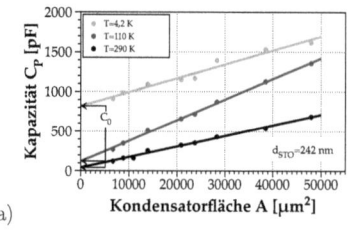 b)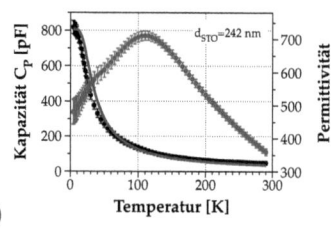

Abbildung 3.8.: a) Auswertung der Kapazitäten in Abhängigkeit von der Kontaktfläche für unterschiedliche Temperaturen. Aus dem linearen Fit kann die Permittivität berechnet werden. Außerdem zeigt sich eine flächenunabhängige Kapazität C_0. b) Temperaturabhängigkeit der Kapazität C_0 und der Permittivität. Die durchgezogene Linie ist eine Anpassung an $C_0(T)$ mithilfe der BARRETT-Formel, wobei $T_1 = 82\,\text{K}$ und $T_\text{C} = 29\,\text{K}$ gewählt wurden.

Der Widerstand R_p ist in diesem Zusammenhang ein Maß für die dielektrischen Verluste und kann nicht mit dem Gleichstromwiderstand gleichgesetzt werden.

Für die Messungen an YBCO/STO/Metall-Systemen kann das beschriebene Modell einer realen Kapazität $(C_\text{p}\;\|\;R_\text{p})$ nicht herangezogen werden. Die YBCO-Elektrode kann im nicht-supraleitenden Zustand einen Widerstand um $1\,\text{k}\Omega$ annehmen, wodurch ein zusätzlicher Serienwiderstand R_s berücksichtigt werden muss, der nicht durch den Brückenabgleich eliminiert werden kann. Das LCR-Meter misst daher auf folgende Weise verfälschte Werte für C_p und $\tan\delta$:

$$C_\text{p,gem} = -\frac{\operatorname{Im} Y}{\omega} = \frac{C_\text{p} R_\text{p}^2}{(R_\text{s}+R_\text{p})^2 + \omega^2 C_\text{p}^2 R_\text{s}^2 R_\text{p}^2} \qquad (3.16)$$

$$\tan\delta_\text{gem} = \left|\frac{\operatorname{Re} Y}{\operatorname{Im} Y}\right| = \frac{R_\text{s}+R_\text{p} + \omega^2 C_\text{p}^2 R_\text{s} R_\text{p}^2}{\omega C_\text{p} R_\text{p}^2}. \qquad (3.17)$$

Kennt man sowohl R_p und R_s (Messung der $R(T)$-Charakteristik der YBCO-Elektrode), so kann die tatsächliche Kapazität der STO-Schicht durch selbstkonsistente Lösung der folgenden Gleichung berechnet werden:

$$C_\text{p} = C_\text{p,gem} \cdot \left[\left(\frac{R_\text{s}}{R_\text{p}}+1\right)^2 + \omega^2 C_\text{p}^2 R_\text{s}^2\right], \qquad (3.18)$$

3.3. Elektrische Untersuchungen

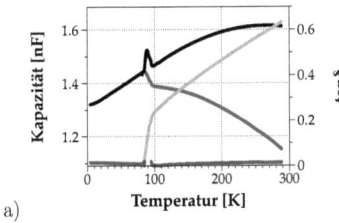
a)

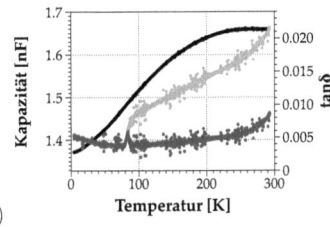
b)

Abbildung 3.9.: Vergleich der gemessenen und korrigierten Daten für die Kapazität C_p (• - gemessen, • - korrigiert) und des Verlusttangens $\tan\delta$ (• - gemessen, • - korrigiert) bei a) $f = 501{,}2\,\mathrm{kHz}$ und b) $f = 10\,\mathrm{kHz}$ einer YBCO/STO/Au-Probe mit $d_\mathrm{STO} = 45\,\mathrm{nm}$. In der Nähe des supraleitenden Phasenübergangs kann es aufgrund einer leichten Verschiebung der Temperaturskala zu Artefakten der Berechnung kommen.

wobei R_p aus dem gemessenen Verlusttangens über:

$$R_\mathrm{p} = \left| \frac{\frac{1}{\omega C_\mathrm{p}} + \sqrt{\left|\frac{1}{\omega^2 C_\mathrm{p}^2} + 4 \cdot (\tan\delta_\mathrm{gem} + \omega R_\mathrm{s} C_\mathrm{p})\frac{R_\mathrm{s}}{\omega C_\mathrm{p}}\right|}}{2 \cdot (\tan\delta_\mathrm{gem} - \omega R_\mathrm{s} C_\mathrm{p})} \right| \qquad (3.19)$$

abgeschätzt[12] werden kann. Auf diese Weise lässt sich mithilfe von Gl. (3.15) nun auch der Verlusttangens korrigieren. Zur besseren Veranschaulichung sind in Abb. 3.9 beispielhaft die gemessenen und korrigierten Daten der dielektrischen Response einer Probe gegenübergestellt. Alle Berechnungen wurden mit einem selbstentwickelten Programm durchgeführt, dessen Quellcode in Anhang A.1 abgedruckt ist.

---

[12]Im Bereich hoher Frequenzen wird der Verlusttangens stark durch den R_s-Anteil dominiert und kann die Verluste der STO-Schicht um mehrere Größenordnungen übersteigen. Eine genaue Bestimmung von R_p ist dann nicht mehr möglich.

4. Probenpräparation

Die Untersuchung der STO-Schichten erfolgte in speziellen Kondensatorstrukturen, an die eine Reihe von Anforderungen gestellt werden musste. Der Stromtransport und die dielektrischen Eigenschaften sollten entlang der c-Achse des STO untersucht werden, um relevante Ergebnisse für die in Kapitel 1 beschriebenen Bauelementkonzepte zu erhalten. Die Messstrukturen mussten also als Plattenkondensator aus einem Drei-Schicht-System heraus strukturiert werden. Diese Geometrie ist zunächst einmal aufwendiger zu prozessieren, bietet aber den Vorteil, dass kapazitiv wirksame Abmessungen der Struktur einfach zu bestimmen sind.

Die Abscheidung der Schichten und Schichtsysteme erfolgte hauptsächlich auf (001)-orientierten STO-Substraten. Wie in Abschnitt 3.3.2 gezeigt wurde, verfälschen jedoch Streufelder durch das Substrat die Ergebnisse der dielektrischen Untersuchungen. Aus diesem Grund wurden alternativ auch (001)-orientierte $LaAlO_3$-Substrate verwendet, die eine deutlich geringere Permittivität zeigen.

Als untere Elektrode wurden grundsätzlich dünne YBCO-Schichten verwendet, da diese immer Ausgangspunkt für die Entwicklung der hier betrachteten Bauelemente sind. Die Abscheidung dieser Schichten musste daher dahingehend optimiert werden, dass man eine möglichst geringe Oberflächenrauheit mit wenig Droplets und Ausscheidungen erhält, ohne dabei die supraleitenden Eigenschaften zu verschlechtern. Ein besonderer Wert muss auch auf die kristallographischen Eigenschaften der YBCO-Schicht gelegt werden, da diese Voraussetzung für ein qualitativ hochwertiges epitaktisches Wachstum der STO-Schicht sind.

Eine weitere Herausforderung stellte die niederohmige Kontaktierung insbesondere der unteren Elektrode dar. Hierzu wurde ein neues Verfahren entwickelt, das für die Herstellung supraleitender Bauelemente bereits erfolgreich eingesetzt wurde [145, 147]. In den nachfolgenden Abschnitten werden die notwendigen Prozessschritte für die Probenpräparation und deren Optimierung beschrieben.

4.1. Optimierung der Abscheideparameter für YBCO

Die Arbeitsgruppe, in der diese Arbeit entstand, verfügte bereits über weitreichende Erfahrungen in der Herstellung qualitativ hochwertiger YBCO-Schichten für die Anwendung in supraleitenden Bauelementen. Diese Schichten erreichten kritische Temperaturen $T_{cr} \approx 90\,\text{K}$ und kritische Stromdichten $j_{cr} > 2 \cdot 10^6\,\text{A/cm}^2$ [142, 148, 149]. Typische Werte für die *out-of-plane*-Orientierung lagen im Bereich $\Delta\omega = (0,1\ldots 0,2)°$ [150, 151]. Diese Schichten wurden auf (001)-orientierten STO-Substraten bei einem Sauerstoffdruck von 40 Pa, einer Heizertemperatur von 750°C und einer Laserenergie von 55 mJ

4. Probenpräparation

p_{O_2} [Pa]	T_H [°C]	$\mathcal{E}_T$ [mJ]	$\Delta\omega$ [°]	ζ_{RMS} [nm]	N_D [10^6 cm^{-2}]	T_{cr} [K]	j_{cr} [10^6 A/cm^2]
40	750	55	0,11	17,6	10,3 ± 0,7	89,6	4,7 ± 0,5
30	740	45	0,20	9,5	8,7 ± 0,7	89,1	4,4 ± 0,5
30	760	45	0,11	20,5	1,0 ± 0,1	90,3	5,0 ± 1,0
50	760	45	0,09	10,5	4,8 ± 0,4	90,5	4,6 ± 0,3
50	740	45	0,22	16,1	22 ± 2	88,9	2,9 ± 0,8
30	740	65	0,21	1,6	1,1 ± 0,1	88,7	2,5 ± 0,5
30	760	65	0,28	1,6	0,82 ± 0,07	87,0	2,9 ± 0,6
50	760	65	0,07	18,2	4,6 ± 0,4	89,7	4,0 ± 0,3
50	740	65	0,13	13,9	43 ± 8	89,2	3,5 ± 0,2

Tabelle 4.1.: Analyse der Eigenschaften von 150 nm dicken YBCO-Schichten bei Variation der Prozessparameter (p_{O_2} – Sauerstoffdruck, T_H – Heizertemperatur, $\mathcal{E}_T$ – Laserenergie am Target, $\Delta\omega$ – FWHM der Rocking-Kurve, ζ_{RMS} – RMS-Oberflächenrauheit, N_D – Dropletdichte, T_{cr} – kritische Temperatur, j_{cr} – kritische Stromdichte). Durch Erhöhung der Heizertemperatur konnten kristallographische und supraleitende Eigenschaften leicht verbessert werden (   ). Die glattesten Oberflächen wurden allerdings bei verringertem Sauerstoffdruck und hoher Laserenergie erreicht (   ).

abgeschieden. Die Oberflächenrauheiten erreichten aufgrund einer großen Anzahl von Ausscheidungen hier allerdings Werte von bis zu $\zeta_{RMS} \approx 18$ nm [1]. Eine homogene Feldverteilung innerhalb der Kondensatorstruktur ist damit nicht zu erreichen. Zudem besteht insbesondere durch das Vorhandensein von Droplets die Gefahr eines Kurzschlusses zwischen den Elektroden. Ausgehend von den vorhandenen Abscheideparametern wurden daher Sauerstoffdruck, Substrattemperatur und die Laserenergie variiert, um für die Herstellung von Mehrschichtsystemen besser geeignete Prozessparameter zu finden. Die Schichten wurden daraufhin bezüglich ihrer Oberfläche (Rauheit, Dropletdichte) mittels AFM und REM untersucht. Es wurden darüber hinaus die kritische Temperatur und kritische Stromdichte bestimmt und die kristallographischen Eigenschaften mittels XRD bewertet. Die Ergebnisse sind in Tabelle 4.1 zusammengefasst.

Diese Messreihe zeigt, dass eine leichte Verbesserung der kristallographischen und supraleitenden Eigenschaften durch Erhöhung der Heizertemperatur und des Sauerstoffdruckes möglich ist. Für supraleitende Bauelemente bestehend aus einzelnen YBCO-Schichten erfolgte die Abscheidung nach der Optimierung nach dem Parametersatz $[p_{O_2} = 50\,\text{Pa},\, T_H = 760°\text{C},\, \mathcal{E}_T = 65\,\text{mJ}]$, womit die *out-of-plane*-Orientierung reproduzierbar auf $\Delta\omega < 0,1°$ bei $T_C \gtrsim 90\,\text{K}$ verbessert werden konnte. Die Oberflächenrauheit

---
[1] Root-Mean-Square-Oberflächenrauheit, ζ_{RMS}: Quadratisches Mittel der Abweichung der Höhenwerte von deren Mittelwert.

4.2. Das Schichtsystem YBCO/STO

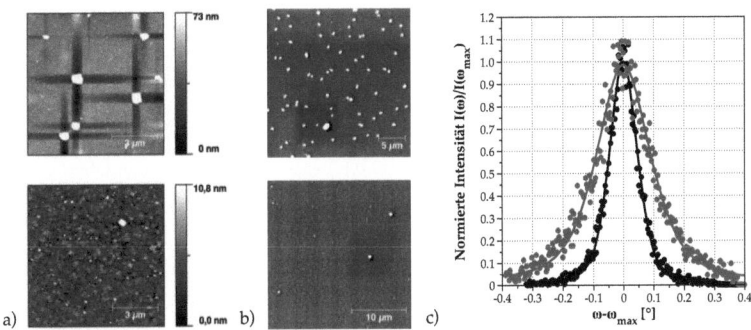

Abbildung 4.1.: Vergleich der Oberflächenstruktur mittels a) AFM und b) REM von YBCO-Proben vor (oben) und nach (unten) der Optimierung der Abscheideparameter, sowie c) Rocking-Kurven des YBCO-(005)-Peaks dieser Schichten (–•–: vor der Optimierung, –•–: nach der Optimierung).

erreicht jedoch nur für $p_{O_2} = 30\,\text{Pa}$ und $\mathcal{E}_T = 65\,\text{mJ}$ akzeptable Werte. Bei noch geringeren Sauerstoffdrücken verschlechtern sich die kristallographischen und supraleitenden Eigenschaften dramatisch. Dies konnte bereits bei früheren Untersuchungen gezeigt werden [148] und bestätigte sich auch innerhalb dieser Arbeit. Ähnliche Ergebnisse ergaben sich bei weiterer Absenkung oder Erhöhung der Heizertemperatur. Eine Erhöhung der Laserenergie auf 75 mJ hatte jedoch keine signifikante Änderung der Schichteigenschaften zur Folge. Aufgrund der besseren kritischen Temperatur und Halbwertsbreite der Rocking-Kurve wurde für die Abscheidung der unteren YBCO-Elektrode die Parameterkombination $p_{O_2} = 30\,\text{Pa}$, $T_H = 740°C$ und $\mathcal{E}_T = 65\,\text{mJ}$ gewählt. Zum direkten Vergleich sind in Abb. 4.1 sowohl AFM- und REM-Aufnahmen, als auch die Rocking-Kurven von repräsentativen Proben vor und nach der Optimierung dargestellt. Die Abscheiderate kann für diese Bedingungen mit $(19 \pm 3)\,\text{nm/min}$ angegeben werden.

4.2. Das Schichtsystem YBCO/STO

4.2.1. Wahl der Abscheideparameter für STO

Die epitaktische Abscheidung von STO-Schichten auf YBCO ist in [149] hinsichtlich der kristallographischen Eigenschaften und der Oberflächenstruktur der STO-Schichten bereits sehr detailliert für unterschiedliche Abscheideparameter untersucht worden. Die Ergebnisse dieser Untersuchungen sind im Folgenden noch einmal kurz zusammengefasst ($\Delta T_H = T_{H,\text{YBCO}} - T_{H,\text{STO}}$, $p_{\text{rel}} = p_{O_2,\text{STO}}/p_{O_2,\text{YBCO}}$):

4. Probenpräparation

- Sehr gute Kristallorientierung[2] und Oberflächenqualität wurde für $\Delta T_\mathrm{H} = -50\,\mathrm{K}$ und $p_\mathrm{rel} = 0{,}25\ldots 0{,}4$ gefunden.

- Hohe Sauerstoffdrücke ($p_\mathrm{rel} > 0{,}6$) sowie niedrige Heizertemperaturen ($\Delta T_\mathrm{H} < -50\,\mathrm{K}$) führen zu rauen Oberflächen.

- Für hohe Heizertemperaturen ($\Delta T_\mathrm{H} \approx 0\,\mathrm{K}$) entstehen muldenartige Oberflächenstrukturen.

Basierend auf diesen Ergebnissen wurde für die Abscheidung der STO-Schichten auf YBCO folgende Parameter gewählt:

- Heizertemperatur $T_\mathrm{H} = 690\,°\mathrm{C}$ (entspricht dem Kriterium $\Delta T_\mathrm{C} = -50\,\mathrm{K}$).

- Sauerstoffdruck $p_{\mathrm{O}_2} = 15\,\mathrm{Pa}$ (basierend auf dem in [149] typischerweise verwendeten Sauerstoffdruck für die YBCO-Abscheidung von 50 Pa und $p_\mathrm{rel} \approx 0{,}33$).

- Laserenergie am Target $\mathcal{E}_\mathrm{T} = 45\,\mathrm{mJ}$ (basierend auf der mittleren Energiedichte am Target aus [149]).

Unter diesen Bedingungen beträgt die Abscheiderate $(11 \pm 1)\,\mathrm{nm/min}$.

4.2.2. Eigenschaften der YBCO-Schicht im System YBCO/STO

In Abschnitt 2.3.2 wurde gezeigt, dass die supraleitenden Eigenschaften von YBCO entscheidend von dessen Sauerstoffgehalt abhängt. Es war anzunehmen, dass die über dem YBCO liegende STO-Schicht wie eine Diffusionsbarriere wirkt und die Aufnahme von Sauerstoff in die YBCO-Schicht während des Ausheilprozesses verhindert. Aus diesem Grund wurden die Eigenschaften des YBCO in einem YBCO/STO-Schichtsystem genauer untersucht. Dazu wurden mehrere Schichtsysteme mit $d_\mathrm{YBCO} = 150\,\mathrm{nm}$ und $d_\mathrm{STO} = 65\,\mathrm{nm}$ abgeschieden. Einige dieser Proben wurden zusätzlich bei einer Temperatur von 500 °C und einem Sauerstoffdruck von $8 \cdot 10^4\,\mathrm{Pa}$ über bis zu 24 h ausgeheilt.

Es zeigte sich, dass die *out-of-plane*-Orientierung der YBCO-Schicht durch eine darüber abgeschiedene STO-Schicht nicht beeinflusst wird. Die mittlere Halbwertsbreite der Rocking-Kurve betrug $\Delta\omega_\mathrm{YBCO} = (0{,}18 \pm 0{,}07)°$ auf STO-Substraten. Auf LAO-Substraten wurden um etwa $0{,}07°$ größere Werte erzielt. Dies lässt sich mit den auftretenden Verzwilligungen in diesen Substraten erklären. Zwischen den Zwillings-Domänen können an der Oberfläche Verkippungen von typischerweise $0{,}17°$ entstehen. Diese Verkippungen, die erst unterhalb einer Phasenübergangstemperatur von etwa 530 °C entstehen, führen zu Spannungen in der Schicht während der Abkühlung von der Abscheidetemperatur. Zusätzlich kann es an den Grenzflächen zwischen den Domänen zu Verwachsungen in der Schicht kommen. Als Resultat beobachtet man häufig eine Verschlechterung der *out-of-plane*-Orientierung und oftmals Doppel-Peak-Strukturen in den Rocking-Kurven.

---
[2]Basierend auf Channeling-Untersuchungen mittels RBS.

4.2. Das Schichtsystem YBCO/STO

Die kritischen Temperaturen lagen bei den untersuchten Schichten im Mittel bei $T_{cr} = (85{,}2 \pm 2{,}0)$ K. Sie sind damit deutlich geringer als bei freien YBCO-Schichten. Eine signifikante und reproduzierbare Verbesserung der kritischen Temperatur konnte auch mit einem zusätzlichen Ausheilen bei 500°C nicht erreicht werden. Ähnlich gering ist der Einfluss eines solchen Ausheil-Schrittes auf die Größe der c-Achse. Hauptsächlich aufgrund von epitaktischen Spannungen in der Schicht vergrößert sich die c-Achse freier YBCO-Schichten um etwa $(0{,}08\pm0{,}05)$ % relativ zum Bulk-Wert. Im YBCO/STO-Schichtsystem betrug die relative Vergrößerung der c-Achse allerdings $(0{,}3\pm0{,}1)$ %. Für dünnere Schichten werden häufig sogar noch größere Werte erreicht. Unter der Annahme, dass die verringerte kritische Temperatur ausschließlich mit einem geringerem Sauerstoffgehalt zu begründen ist, würde man eine Vergrößerung der c-Achse um etwa 0,2 % im Vergleich zu einer optimal dotierten Einheitszelle erwarten[3]. Die beobachtete Größe der c-Achse kann also gut mit dem Zusammenspiel zwischen epitaktischen Spannungen und dem Fehlen von Sauerstoff in den CuO-Ketten erklärt werden. Eine Verbesserung der Sauerstoffgehalts wurde durch zusätzliches Ausheilen nicht beobachtet.

Zusammenfassend lässt sich also sagen, dass sich die supraleitenden Eigenschaften der YBCO-Schicht im System YBCO/STO unabhängig davon, ob die Probe zusätzlich mehrere Stunden in Sauerstoffatmosphäre ausgeheilt wurde, messbar verschlechtern. Dies wird zum einen verursacht durch eine verringerte Sauerstoffdiffusion durch die STO-Schicht. Zum anderen trägt auch der relativ geringe Sauerstoffdruck während der YBCO-Abscheidung dazu bei. Dieser ist jedoch notwendig, um möglichst glatte Oberflächen zu erreichen. Trotzdem werden noch kritische Temperaturen oberhalb 85 K erreicht, die für die Anwendung dieser Schichten in Bauelementen bei Stickstoffkühlung oder mit Kleinkühlern ausreichend ist. Darüber hinaus verschlechtert sich die *out-of-plane*-Orientierung im System YBCO/STO nicht. Die YBCO-Schichten können daher gut als *seed layer* für das Aufwachsen der STO-Schichten eingesetzt werden.

4.2.3. Eigenschaften der STO-Schicht im System YBCO/STO

Die STO-Schichten, die im Folgenden elektrisch untersucht werden sollen, wurden auf eine etwa 100 nm dicke YBCO-Schichten abgeschieden. Die kristallographischen Eigenschaften dieser Schichten sollen im Folgenden genauer beschrieben werden. Ein direkter Einfluss der *out-of-plane*-Orientierung des YBCO auf die der STO-Schicht konnte bei den geringen realisierten Schwankungsbreiten nicht beobachtet werden. Vielmehr hängen die kristallographischen Eigenschaften von der Schichtdicke und der Abscheidetemperatur ab. Die Ergebnisse sind in Abb. 4.2 dargestellt.

Für die in dieser Arbeit als optimal befundene STO-Abscheidetemperatur von $T_H = 690°C$ zeigt sich eine langsame Relaxation des c-Achsen-Gitterparameters. Die Vergrößerung der c-Achse kommt aufgrund kompressiver Spannungen in der a-b-Ebene auf die STO-Schicht zustande (die Gitterkonstante von YBCO in a- und b-Richtung ist kleiner

---

[3]Eine kritische Temperatur von 85,2 K wird etwa für $x = 0{,}2\ldots 0{,}25$ bezüglich der Strukturformel YBa$_2$Cu$_3$O$_{7-x}$ erwartet. Die Gitterkonstante eines Einkristalls in c-Richtung steigt dann von 11,68 Å (optimal dotiert) auf 11,70 Å (x=0,25) an [91].

4. Probenpräparation

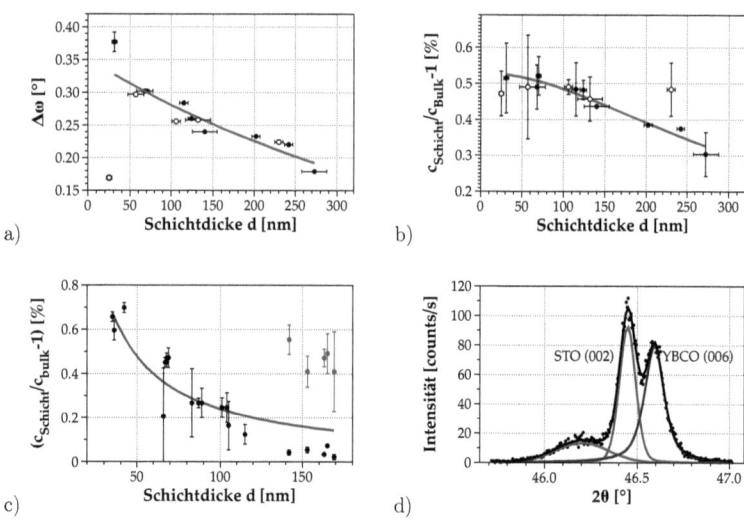

Abbildung 4.2.: Kristallographische Eigenschaften dünner auf YBCO abgeschiedener STO-Schichten: a) Abhängigkeit der Breite der Rocking-Kurven $\Delta\omega$ von der Schichtdicke (die Breite der Rocking-Kurve der YBCO-Schicht lag für alle Proben im Bereich $\Delta\omega_{YBCO} = (0{,}18 \pm 0{,}07)°$). Mit (○) gekennzeichnete Proben wurde zusätzlich über 4 h bei 500°C in Sauerstoffatmosphäre ausgeheilt. b+c) Relative Vergrößerung der c-Achse der STO-Schicht im Vergleich zum Bulk-Wert bei der Abscheidung bei b) $T_H = 690°C$ und c) $T_H = 740°C$. Es zeigt sich, dass bei der höheren Heizertemperatur das Gitter über eine geringere Schichtdicke relaxiert. Ab einer Dicke von etwa 140 nm spaltet jedoch der (002)-STO Reflex wie in d) dargestellt auf.

als die von STO). Diese Spannungen werden im Laufe des Schichtwachstums durch den Einbau von Versetzungen abgebaut. Zur Beschreibung dieser Relaxation kann folgendes Dehnungsprofil angenommen werden [152, 153]:

$$\epsilon(x) = \epsilon_0 \left(\cosh \frac{x}{\lambda_\epsilon} - \tanh \frac{d}{\lambda_\epsilon} \sinh \frac{x}{\lambda_\epsilon} \right), \quad (4.1)$$

wobei x der Ort in der Probe, λ_ϵ eine typische Abklinglänge und ϵ_0 die Dehnung an der

4.2. Das Schichtsystem YBCO/STO

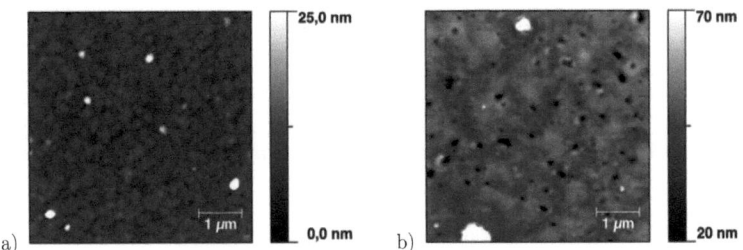

Abbildung 4.3.: AFM-Aufnahmen von YBCO/STO-Schichtsystemen für unterschiedliche Heizertemperaturen: a) $T_H = 690°C$ und b) $T_H = 740°C$.

Grenzfläche ist. Daraus kann nun eine mittlere Dehnung errechnet werden:

$$\bar{\epsilon}(d) = \frac{\int_0^d \epsilon_0 \left(\cosh \frac{x_3}{\lambda_\epsilon} - \tanh \frac{d}{\lambda_\epsilon} \sinh \frac{x_3}{\lambda_\epsilon} \right) dx_3}{d} = \frac{\epsilon_0 \lambda_\epsilon}{d} \tanh \frac{d}{\lambda_\epsilon} . \qquad (4.2)$$

Mithilfe der Gl. (4.2) wurden die Messdaten gefittet, und man erhält $\lambda_\epsilon \approx 190\,\text{nm}$ und $\epsilon_0 \approx 5{,}3 \cdot 10^{-3}$. Ein Einfluss eines zusätzlichen Ausheil-Schrittes auf die Schichtqualität konnte nicht nachgewiesen werden.

Weiterhin konnte ausgeschlossen werden, dass die Vergrößerung der c-Achse von einem stöchiometrischen Ungleichgewicht zwischen Sr- und Ti-Atomen verursacht wurde. Ein solches Ungleichgewicht kann durch eine nicht angepasste Laserenergie bei der Abscheidung der STO-Schicht entstehen, wenn die Targetstöchiometrie nicht richtig übertragen wird [154, 155]. Bei der homoepitaktischen Abscheidung von STO auf STO-Substraten mit Laserenergien zwischen 15 und 100 mJ wurde eine Veränderung der Gitterkonstante jedoch nur für Sauerstoffdrücke $p_{O_2} < 1 \cdot 10^{-4}\,\text{Pa}$ beobachtet. Unter den üblichen Abscheidebedingungen war dies nicht der Fall [156].

Erhöht man die Abscheidetemperatur auf $T_H = 740°C$, bauen sich die Spannungen deutlich schneller ab. Die typische Relaxationslänge beträgt hier nur etwa $\lambda_\epsilon \approx 15\,\text{nm}$ (siehe Abb. 4.2c). Dies kann nur durch den massiven Einbau von Gitterdefekten erreicht werden. Tatsächlich zeigt sich für diese Schichten eine deutliche Tendenz zur Lochbildung, wie man Abb. 4.3 entnehmen kann. Diese Beobachtung erklärt die muldenartigen Strukturen, die in [149] mittels REM-Aufnahmen beobachtet wurden. Zusätzlich trat für Schichtdicken $d_{STO} > 140\,\text{nm}$ in θ-2θ-Untersuchungen ein zweiter STO-Peak auf, der auf eine dünne Zwischenschicht mit deutlich vergrößerter c-Achse hindeutet, während der Rest der Schicht nahezu dehnungsfrei bleibt.

Die erhöhte Abscheidetemperatur kann sich auch auf die *out-of-plane*-Orientierung negativ auswirken. Dies ist jedoch nicht in jedem Fall zu beobachten. Durch den vermehrten Einbau von Gitterdefekten kommt es zu sehr starken Streuungen der Halbwertsbreiten

4. Probenpräparation

der Rocking-Kurven unter den hergestellten Proben. Unter diesen Bedingungen ist eine reproduzierbare Herstellung von STO-Schichten nicht möglich.

4.3. Goldnanopartikel in YBCO-Schichten

Als eine besondere Herausforderung während der Entwicklung einer geeigneten Struktur für die Untersuchung der elektrischen Eigenschaften dünner STO-Schichten stellte sich die niederohmige Kontaktierung der unteren Elektrode heraus. Um möglichst saubere Grenzflächen zu erhalten, sollte das Schichtsystem bestehend aus unterer Elektrode, STO-Schicht und oberer Elektrode ohne Unterbrechung des Vakuumzyklusses abgeschieden werden. Eine Strukturierung der Einzelschichten war damit nicht möglich und die untere Elektrode konnte in der ursprünglichen Prozessierung nur nach dem Entfernen der darüber liegenden Schichten mittels Ionenstrahlätzens angebondet werden. Für diesen Ätzschritt müssen jedoch die Schichtdicken und jeweiligen Ätzraten genau bekannt sein, da sonst die YBCO-Schicht geschädigt oder durchgeätzt werden kann.

Zur Vereinfachung der Strukturierung und Erhöhung der Ausbeute musste daher eine neue Lösung für dieses Problem gefunden werden. Dazu wurde zunächst eine dünne Goldschicht mittels PLD oder Sputtern auf das Substrat aufgebracht. Im Anschluss wurde das Schichtsystem wie in Abschnitt 3.1.3 beschrieben abgeschieden. Die Goldschicht bildet dabei kugelförmige Partikel, deren Größe einige 10 bis einige 100 Nanometer erreichen kann. Die Kristallstruktur und die supraleitenden Eigenschaften der YBCO-Schicht verschlechtern sich dabei nur wenig [157]. Durch Strukturierung der Goldschicht mittels *lift-off*-Verfahren können die Goldpartikel gezielt auf die Kontaktflächen beschränkt werden. Im Folgenden sollen grundlegende Eigenschaften der Goldpartikel und deren Einfluss auf die YBCO-Schicht kurz zusammengefasst werden.

4.3.1. Räumliche Verteilung

In Abb. 4.4 sind im direkten Vergleich eine AFM-Aufnahme einer reinen YBCO-Schicht und einer YBCO-Schicht mit Goldnanopartikeln dargestellt. Die Goldpartikel erscheinen dabei als kugelförmige Objekte an der Oberfläche der Schicht, die üblicherweise größer sind als typische Ausscheidungen. Deren Größe hängt bei gleichbleibender YBCO-Abscheidedauer hauptsächlich von der Dicke der Goldschicht ab. Querschnittsaufnahmen mit dem TEM zeigen, dass die Partikel nicht nur an der Oberfläche entstehen. Man findet ebenfalls eine hohe Anzahl an der Grenzfläche zwischen Substrat und YBCO-Schicht. Vereinzelt beobachtet man sie auch in der Mitte der Schicht (siehe Abb. 4.5). Ist der Durchmesser der Partikel vergleichbar mit der Schichtdicke des YBCO, so reichen sie vom Substrat bis zur Oberfläche. In Abb. 4.6 zeigt sich, dass die YBCO-Schicht dann nach oben verdrängt wird und sich schollenartig über dem Partikel ablagert.

4.3. Goldnanopartikel in YBCO-Schichten

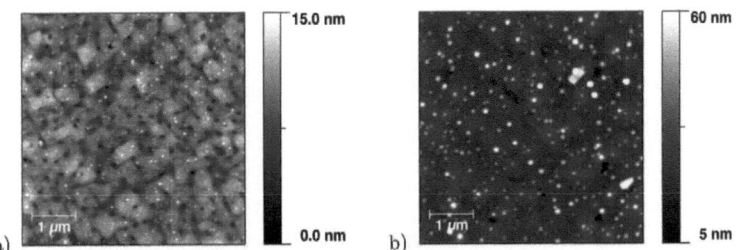

Abbildung 4.4.: Oberfläche einer YBCO-Schicht a) ohne Goldnanopartikel (mit einer Vielzahl von Ausscheidungen an der Oberfläche) und b) mit Goldnanopartikeln.

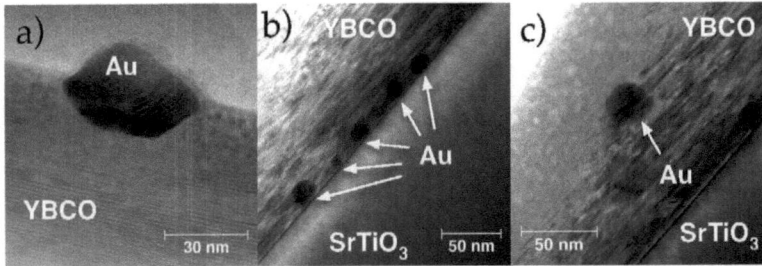

Abbildung 4.5.: TEM-Querschnittsaufnahmen von Goldpartikeln in einer YBCO-Schicht. Die Dicke der ursprünglichen Goldschicht betrug $d_{Au} = 4\,\mathrm{nm}$. a) Partikel an der Oberfläche der YBCO-Schicht. Die sechszählige Facettierung wurde häufig beobachtet und deutet auf eine hohe kristalline Ordnung hin. b) Partikel an der Grenzfläche zum Substrat. c) Partikel in der Mitte der YBCO-Schicht. Die Zerstörung der Kristallstruktur des YBCO oberhalb des Partikels ist auf die Präparation für die TEM-Untersuchungen und anschließende Lagerung der Probe zurückzuführen.

4. Probenpräparation

Abbildung 4.6.: TEM-Querschnittsaufnahmen eines Goldpartikels in einer YBCO-Schicht. Die Dicke der ursprünglichen Goldschicht betrug $d_{Au} = 40\,\text{nm}$.

4.3.2. Größenverteilung

Zur Bestimmung der Größenverteilung der Goldnanopartikel wurde die Goldschicht so strukturiert, dass nach der Abscheidung einer YBCO-Schicht auf einem Substrat Bereiche mit und ohne Goldpartikel vorhanden waren. Mithilfe des Programms GWYDDION wurden dann aus AFM-Aufnahmen der Oberflächen beider Bereiche alle makroskopischen Partikel markiert, diese gezählt und deren Größe bestimmt[4]. Es zeigte sich, dass die Radien sowohl der Ausscheidungen der YBCO-Schicht als auch der Goldpartikel einer Log-Normalverteilung folgen. Durch Vergleich der Verteilungskurven aus beiden Bereichen kann die Größenverteilung der Goldpartikel bestimmt werden (siehe Abb. 4.7a).

In Abb. 4.7b ist die Abhängigkeit des Partikelradiuses[5] r_E von der ursprünglichen Goldschichtdicke dargestellt. Geht man davon aus, dass das Volumen der Goldschicht ($V = d \cdot A$) gleich dem Volumen aller Goldnanopartikel ($V = 4\pi/3 \cdot r_E^3$) ist, so sollte sich bei gleichbleibender Partikeldichte folgende Abhängigkeit ergeben:

$$r_E \propto d_{Au}^{1/3} . \tag{4.3}$$

---

[4]Dazu bestimmt GWYDDION die projizierte Fläche des Partikels und berechnet daraus den Radius eines gedachten Kreises mit gleicher Fläche.
[5]Als Partikelradius wird hier der Erwartungswert der Log-Normalverteilung angenommen, der sich wie folgt berechnet: $r_E = \exp(\tilde{\mu} + \tilde{\sigma}^2/2)$ wenn für die Wahrscheinlichkeitsdichtefunktion gilt $\mathcal{P}(x) = (\sqrt{2\pi}\tilde{\sigma}x)^{-1} \exp\left\{-\frac{(\ln(x)-\tilde{\mu})^2}{2\tilde{\sigma}^2}\right\}$.

4.3. Goldnanopartikel in YBCO-Schichten

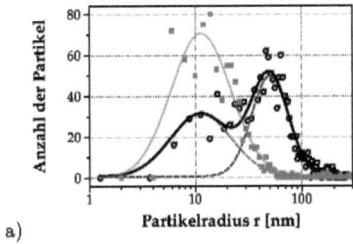
a) Partikelradius r [nm]

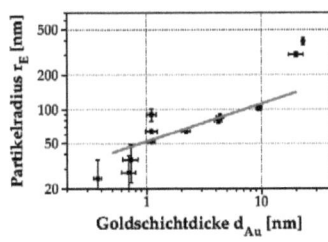
b) Goldschichtdicke d_{Au} [nm]

Abbildung 4.7.: Größenverteilung von Goldnanopartikeln in einer YBCO-Schicht der Dicke d_{YBCO} = 150 nm: a) Histogramme der Partikelradien einer YBCO-Schicht ohne Goldpartikel (■) und einer Schicht mit Goldpartikeln (○). Die durchgezogenen Linien sind Fits bezüglich einer Log-Normalverteilung. b) Abhängigkeit des Goldpartikelradiuses von der ursprünglichen Goldschichtdicke. Im Bereich d_{Au} = (1...10) nm zeigt sich eine Abhängigkeit nach $r_E \propto d_{Au}^{1/3}$ (—).

Tatsächlich findet man diese Abhängigkeit für Goldschichtdicken im Bereich (1...10) nm. Für geringere Schichtdicken sollte diese Abhängigkeit ebenfalls gelten. Man kann jedoch nicht mit Sicherheit davon ausgehen, dass bei der Gold-Abscheidung eine geschlossene Schicht entsteht. Das bedeutet, dass Bedeckungsfläche A noch mit steigender Schichtdicke zunimmt. Die Abhängigkeit $r_E(d_{Au})$ lässt sich dann wie folgt darstellen:

$$r_E \propto [d_{Au} \cdot A(d_{Au})]^{1/3} \ . \tag{4.4}$$

Darüber hinaus überlagern sich die Log-Normalverteilungen der Ausscheidungen und der Goldpartikel sehr stark. Der Fehler in der Bestimmung des Partikelradiuses muss daher vergleichsweise hoch angenommen werden.

Für Goldschichtdicken d_{Au} > 10 nm steigt der Partikelradius sehr schnell an, während deren Zahldichte an der Oberflächen deutlich abnimmt. Goldnanopartikel dieser Größe können dazu verwendet werden, um eine niederohmige Durchkontaktierung auf die untere YBCO-Schicht in einem Mehrschichtsystem zu realisieren. Zudem bieten sie eine Oberfläche, auf der sehr haftfest gebondet werden kann. Hier kommt es offenbar zu einer schnellen Vergröberung[6] der Partikel. Dies setzt eine gewisse Löslichkeit des Goldes in der YBCO-Matrix voraus, um Diffusionsprozesse zur Bildung und vor allem zum Wachstum der Partikel zu ermöglichen. Diese Löslichkeit konnte tatsächlich mittels EDX-Untersuchungen bestätigt werden. Ein geringer Anteil von Gold lässt sich nahezu gleichmäßig verteilt in der gesamten YBCO-Schicht nachweisen.

Die zugrundeliegenden Prozesse konnten im Rahmen dieser Arbeit nicht umfassend

---

[6] Vergröberung: Umgestaltung des Gefüges mehrphasiger Legierungen.

4. Probenpräparation

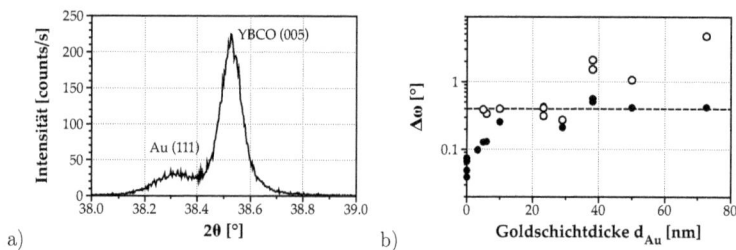

Abbildung 4.8.: a) Typischer θ-2θ-Scan einer YBCO-Probe mit Goldpartikeln. b) Abhängigkeit der Halbwertsbreite der Rocking-Kurve der YBCO-Schicht (●) und der Goldpartikel (○) von der Schichtdicke der ursprünglichen Goldschicht.

untersucht werden. Anhand der bisherigen Ergebnisse kann jedoch angenommen werden, dass sich das Gold zunächst während des YBCO-Wachstums in der entstehenden Schicht löst. Aus dieser Lösung entstehen erste Goldpartikel. Aufgrund einer sehr hohen Dichte von Keimzentren geschieht dies hauptsächlich an der Oberfläche und der Grenzfläche zum Substrat. Im Folgenden kommt es zu einer Vergröberung der Partikel. Dabei können sowohl zwei-dimensionale (Vergröberung nur innerhalb der Oberflächen- bzw. Grenzflächen-Schicht) als auch drei-dimensionale (gleichmäßige Vergröberung in der gesamten Schicht) Prozesse eine Rolle spielen. Die Geschwindigkeit dieser Prozesse hängt sehr stark von der Temperatur, vom Abstand zwischen den Partikeln und vom Unterschied der Partikelgrößen zu Beginn des Vergröberungsprozesses ab. Die Größenverteilung sollte daher auch deutlich von der Dauer der YBCO-Abscheidung abhängen. Ab einer Goldschichtdicke von 10 nm scheint die Vergröberung also deutlich schneller abzulaufen, als bei geringeren Dicken.

4.3.3. Kristallographische Eigenschaften

Um zu bewerten, wie die Goldnanopartikel das Wachstum der YBCO-Schicht beeinflussen, wurden Proben mit unterschiedlich dicken Goldschichten röntgendiffraktometrisch untersucht. Ein typisches Spektrum ist in Abb. 4.8a dargestellt. Neben den Reflexen der YBCO-(001)-Netzebene findet man weitere, die der (111)-Netzebene von Gold zuzuordnen sind. Andere Netzebenen können im betrachteten θ-Winkelbereich nicht beobachtet werden, da deren Reflexe im flächenzentriert-kubischen Gitter von Gold ausgelöscht werden. TEM-Aufnahmen zeigen jedoch, dass im gleichen Verhältnis auch (110)-orientierte Goldpartikel zu finden sind (siehe Abb. 4.9).

Die Auswertung der jeweiligen Rocking-Kurven in Abhängigkeit von der ursprünglichen Goldschichtdicke zeigt (siehe Abb. 4.8b), dass für geringe Goldschichtdicken die

4.3. Goldnanopartikel in YBCO-Schichten

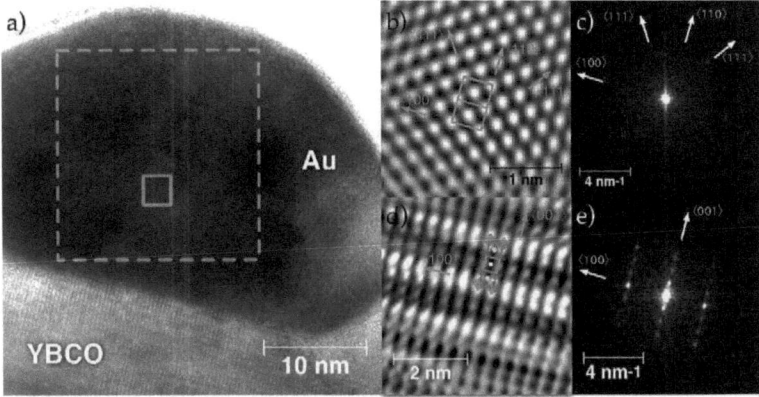

Abbildung 4.9.: a) TEM-Querschnittsaufnahme eines Goldpartikels an der Oberfläche einer YBCO-Schicht. b) Rekonstruktion des Gold-Kristallgitters durch FOURIER-Filterung des in a) durchgezogen eingerahmten Bereiches. c) FOURIER-Spektrum des in a) gestrichelt eingerahmten Bereiches. d) Rekonstruktion des YBCO-Gitters durch FOURIER-Filterung und e) zugehöriges FOURIER-Spektrum. Es zeigt sich eine deutliche Orientierung der Gold-$\langle 110 \rangle$-Richtung parallel zu YBCO-$\langle 001 \rangle$.

Halbwertsbreiten der Rocking-Kurven zunächst ansteigen, dann aber einen Wert von $\Delta\omega \approx 0{,}4°$ kaum übersteigen. Die supraleitenden Eigenschaften dieser Schichten verschlechtern sich damit nur geringfügig, und es konnten weiterhin kritische Temperaturen > 89 K erreicht werden.

Bis zu einer Goldschichtdicke von etwa 30 nm zeigen auch die Goldnanopartikel eine gute *out-of-plane*-Orientierung mit Halbwertsbreiten der Rocking-Kurven $\leq 0{,}4°$. Es besteht also eine epitaktische Beziehung zwischen der YBCO-Schicht und den Goldnanopartikeln. Dies erscheint zunächst sehr ungewöhnlich, da das Gitter von Gold nur sehr schlecht an die a-b-Ebene des YBCO angepasst ist. Die Fehlanpassung der Gitterkonstante von Gold an die a- bzw. b-Achse von YBCO beträgt 5,0 % bzw. 4,3 %. Betrachtet man jedoch Vielfache des Netzebenenabstands der Gold-(110)- und -(111)-Ebenen, ergibt sich eine sehr gute Anpassung an die c-Achse von YBCO:

$$4 \times d_{(110)_{Au}} = 4 \times 2{,}88\,\text{Å} = 0{,}988 \times d_{(001)_{YBCO}}\,, \quad (4.5)$$

$$5 \times d_{(111)_{Au}} = 5 \times 2{,}36\,\text{Å} = 1{,}009 \times d_{(001)_{YBCO}}\,. \quad (4.6)$$

Erst für größere Schichtdicken verschlechtert sich die Orientierung deutlich. Die Partikel

4. Probenpräparation

können dann einige Mikrometer groß werden und berühren sich, sodass ein zusammenhängendes Netzwerk innerhalb der YBCO-Schicht entsteht. Der Einfluss der Kristallstruktur des YBCO verringert sich deutlich mit dem abnehmenden Verhältnis zwischen der Partikeloberfläche und dessen Volumen.

4.3.4. Einsatz in supraleitenden Bauelementen

Neben der Möglichkeit, eine niederohmige Kontaktierung zum YBCO herzustellen, können Goldnanopartikel auch gezielt zur lokalen Funktionalisierung der YBCO-Schichten für Bauelemente eingesetzt werden. Dabei spielt insbesondere der Einfluss kleiner Partikel auf die kristallographischen Eigenschaften des YBCO eine entscheidende Rolle. Abb. 4.10 zeigt dazu eine TEM-Aufnahme der näheren Umgebung um den einen Partikel. Es ist deutlich zu erkennen, dass sich ausgeprägte Gitterdeformationen und damit Spannungsfelder ausbilden bzw. dort konzentrieren. Das restliche Volumen der Schicht wächst hingegen weitestgehend ungestört auf. Befindet sich zum Beispiel ein Goldnanopartikel an der Grenzfläche zum Substrat, so können epitaktische Spannungen an ihm relaxieren. In der Folge werden weniger Versetzungen zum Abbau dieser Spannungen eingebaut. Tatsächlich konnten in der Nähe der Partikel keine Versetzungen in den TEM-Aufnahmen beobachtet werden. Dieser Einfluss auf die Gitterstruktur des YBCO kann dazu ausgenutzt werden, um:

- die Oberflächenrauheit der YBCO-Schicht zu vermindern, wie im Abb. 4.11 zu sehen ist (vgl. Abb. 4.4). Hier wurden zunächst $2\,\mu m$ breite Streifen im Abstand von etwa $5\,\mu m$ auf einem Substrat mit einer $4\,nm$ dünnen Goldschicht versehen und anschließend die Probe mit YBCO beschichtet. Im Bereich zwischen den Nanopartikel-Streifen sind nahezu keine Ausscheidungen zu erkennen und die Oberflächenrauheit wurde im Vergleich zu einer typischen Schicht ohne Goldnanopartikel in etwa halbiert. Dieser Effekt kann aufgrund der oben aufgeführten Beobachtungen auf eine Verringerung von Spannungen im Bereich zwischen den Goldnanopartikeln zurückgeführt werden. Dies vermindert in der Folge auch den Einbau von Defekten wie Versetzungen[7], welche wiederum Ursache für die Bildung von Ausscheidungen sein können [113].

- das Flusspinning in YBCO-Schichten zu verbessern. In ähnlichen Systemen wurden bereits positive Einflüsse auf die Pinning-Kraft gemessen [158–160]. Die Spannungsfelder um die Goldpartikel wirken dabei offenbar als unkorrelierte Pinning-Zentren [161, 162]. Im Gegensatz zum Vorschlag von MIKHEENKO et al. [160] kann jedoch weitestgehend ausgeschlossen werden, dass lineare Defekte Ursache für ein verbessertes Pinning in gold-dekorierten YBCO-Schichten sind.

- die Charakteristik von JOSEPHSON-Kontakten oder SQUIDs zu modifizieren. Der Einfluss der Mikrostruktur auf die Eigenschaften von Korngrenzenkontakten ist

---

[7] sogenannte *missfit dislocations*.

4.4. Kondensatorstrukturen für elektrische Untersuchungen

Abbildung 4.10.:
Hochauflösende Hellfeld-TEM-Aufnahme der YBCO-Gitterstruktur in der Nähe eines Goldnanopartikels. Die weiße Linie deutet den Verlauf der Netzebenen im Vergleich zu der geraden gestrichelten Linie an. Diese Deformationen sind klare Anzeichen für Spannungsfelder in der näheren Umgebung um den Partikel.

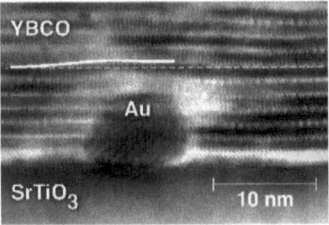

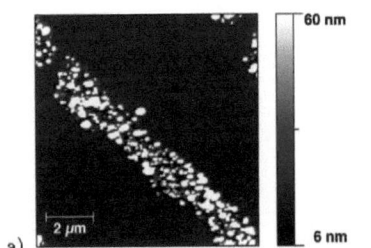 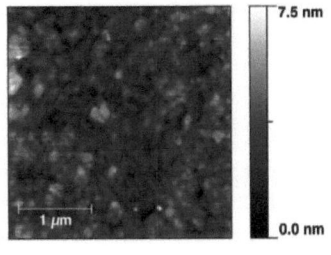

a)   b)

Abbildung 4.11.: a) AFM-Aufnahme einer 150 nm dicken YBCO-Schicht mit Goldnanopartikeln in einer Gitterstruktur (Stegbreite: $2\,\mu$m, Abstand: $5\,\mu$m). b) AFM-Aufnahme der YBCO-Schicht zwischen den Goldpartikel-Stegen. Die Oberfläche ist nahezu ausscheidungsfrei und die Oberflächenrauheit ist auf $\zeta_{RMS} \approx 0{,}8$ nm reduziert.

bereits detailliert untersucht worden [13]. Erste Untersuchungen an goldpartikeldekorierten Korngrenzen-JOSEPHSON-Kontakten haben gezeigt, dass sich der kritische Strom tendenziell verringert und der Normalleitungswiderstand steigt. Setzt man diese Kontakte in SQUIDs ein, kann damit eine Erhöhung der Transferfunktion erreicht werden [163].

4.4. Kondensatorstrukturen für elektrische Untersuchungen

Die elektrischen Untersuchungen wurden in Kondensatorstrukturen mit paralleler Anordnung der Kondensatorplatten durchgeführt, wobei die obere Elektrode die untere im rechten Winkel kreuzt. Durch Variation der Stegbreiten der Elektroden wurden damit unterschiedlich große Kondensatorflächen im Bereich $(50\times25\ldots 250\times200)\,\mu$m^2 realisiert.

Bei der Entwicklung dieser Strukturen und des Strukturierungsprozesses wurde Wert darauf gelegt, dass das zu vermessende Schichtsystem *in situ* abgeschieden werden kann.

4. Probenpräparation

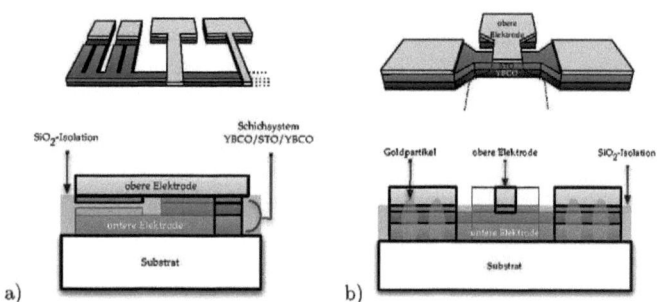

Abbildung 4.12.: 3D-Darstellung und Schnitt durch die Kondensatorstruktur vom a) Typ I und b) Typ II.

Nur so kann sicher gestellt werden, dass die Grenzflächen frei von Verunreinigungen bleiben. Um die Ausbeute an funktionsfähigen Kontakten zu erhöhen, sollte die Zahl der nötigen Prozessschritte minimiert werden. Außerdem musste für Isolationszwecke ein Material gefunden werden, dass deutlich geringere Leckströme zeigt als die zu untersuchende STO-Schicht, und darüber hinaus vernachlässigbare Parallelkapazitäten aufgrund von Streufelder hervorruft. Hierzu wurden detaillierte Untersuchungen durchgeführt und gezeigt, dass das in der Arbeitsgruppe mittels Sputtern hergestellte SiO_2 die Anforderungen im vollem Umfang erfüllt [164].

In dieser Arbeit kamen zwei unterschiedliche Strukturtypen zum Einsatz, wobei die zweite eine auf den Erfahrungen mit der ersten aufbauende Weiterentwicklung ist. Beide Typen sind in Abb. 4.12 dargestellt. Der Unterschied zwischen den Strukturen liegt darin, dass bei Typ I eine gemeinsame untere Elektrode für drei obere Elektroden genutzt wird und zur Kontaktierung der unteren Elektrode diese noch mittels Ionenstrahlätzens freigelegt werden musste. Bei Typ II kamen hierfür bereits Goldnanopartikel zum Einsatz, die hinreichend groß sein mussten, um die STO-Schicht zu durchdringen. Zudem konnten für die Herstellung des Typs II zwei Prozessschritte eingespart werden. Der Prozessierungsablauf für beide Typen ist im Anhang A.2 dargelegt.

5. Ladungsträgertransport

In der Literatur findet man bereits sehr ausführliche Untersuchungen zum Ladungsträgertransport durch Metall/STO/Metall-Systeme. Dabei konzentrieren sich die meisten Arbeiten entweder auf Tunnelkontakte mit Schichtdicken $d_{STO} < 30$ nm [165, 166], auf Schichten mit hoher Permittivität (meist $d_{STO} > 200$ nm) [75, 167-170] oder auf dünne Lamellen, die aus STO-Einkristallen mittels Ionenfeinstrahl herauspräpariert wurden [171]. Über den dominierenden Ladungsträgertransportmechanismus herrscht allerdings noch große Uneinigkeit. FUCHS et al. [169] favorisieren hierfür Variable Range Hopping (VRH) sowohl in YBCO/STO/YBCO-, als auch in YBCO/STO/Au-Schichtsystemen für Schichtdicken im Bereich $d_{STO} = (200...500)$ nm. Im gleichen Schichtsystem mit $d_{STO} = (2...30)$ nm kann der Ladungsträgertransport auf direktes Tunneln und Hopping über lokalisierte Zustände zurückgeführt werden [165, 166]. Andere Autoren berichten über thermionische Emission als dominierenden Transportmechanismus für Schichtdicken $d > 200$ nm [75, 167, 168, 170]. DIETZ et. al [75] weisen jedoch darauf hin, dass insbesondere bei hohen Feldern, wenn die Barriere an der Grenzfläche zwischen Elektrode und STO leicht überwunden werden kann, ein raumladungslimitierter Transport einsetzen kann. Dem entsprechende Kennlinien wurden bereits an einkristallinen Lamellen beobachtet [171].

Andere Transportmechanismen sollten jedoch nicht ausgeschlossen werden. So wurde in ähnlichen perowskitischen Materialien auch der POOLE-FRENKEL-Effekt als dominierender Prozess vorgeschlagen [172, 173]. Aufgrund des gleichen funktionalen Zusammenhangs zwischen Stromdichte und elektrischem Feld muss die Abgrenzung zur thermionischen Emission allerdings sehr genau diskutiert werden. Darüber hinaus kann die Potentialbarriere bei hohen Feldern durch FOWLER-NORDHEIM-Tunneln (FNT) überwunden werden.

Das folgende Kapitel befasst sich in Erweiterung zur bestehenden Literatur mit dem Ladungsträgertransport durch dünne STO-Schichten in YBCO/STO/Metall-Systemen. Die STO-Schichtdicke wurde hierfür im Bereich $d_{STO} = (25...240)$ nm variiert. Es wird ein neues Modell vorgeschlagen, das Polarisationsgradienten aufgrund von epitaktischen Spannungen berücksichtigt. Aus diesem Grund wird sich, nachdem kurz auf die Grenzen bestehender Modelle eingegangen wird, ein Abschnitt mit der Modellierung der Temperaturabhängigkeit der Permittivität auseinandersetzen. Auf der Grundlage der dabei gewonnenen Erkenntnisse werden die Barrierenform und mögliche Transportmechanismen diskutiert. Anschließend werden die Ergebnisse für STO-Schichten mit $d_{STO} < 30$ nm präsentiert.

5. Ladungsträgertransport

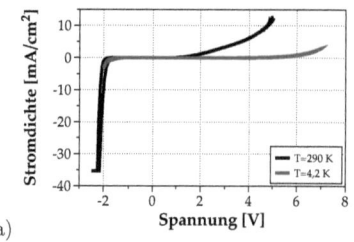
a)

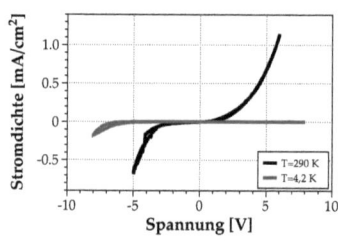
b)

Abbildung 5.1.: Typische Kennlinien eines a) YBCO/STO/Au-Systems (d_{STO} = 115 nm) und b) eines YBCO/STO/YBCO-Systems (d_{STO} = 90 nm) bei 4,2 K und 290 K.

5.1. Ladungsträgertransport für $d_{STO} > 30$ nm

5.1.1. Allgemeine Beobachtungen

Repräsentativ für alle untersuchten Proben mit einer Dicke der STO-Schicht $d_{STO} > 30$ nm sind in Abb. 5.1 typische Kennlinien eines YBCO/STO/Au- und eines YBCO/STO/YBCO-Systems dargestellt. Erstere zeigen einen stark asymmetrischen Verlauf mit einem durchbruchartigen Verhalten bei negativen Spannungen[1], welches in der Literatur bereits häufig beschrieben wurde [169, 174–176]. Im Gegensatz dazu verlaufen die Kennlinien im System YBCO/STO/YBCO deutlich symmetrischer. Zudem ist die Stromdichte bei vergleichbarer Schichtdicke deutlich geringer als in YBCO/STO/Au-Systemen.

Weitere grundlegende Eigenschaften der Kennlinien werden erst in einer logarithmischen Darstellung – wie in Abb. 5.2 zu sehen – ersichtlich. Anhand der sich verändernden Kurvenform ist für das YBCO/STO/Au-System zu erkennen, dass sich bei positiven Spannungen auch der dominierende Ladungsträgertransportprozess mit sinkender Temperatur verändert. Die Stromdichte sinkt dabei nicht – wie für die meisten Transportprozesse erwartet – monoton mit der Temperatur ab, sondern erreicht ein Minimum im Bereich (120...180) K.

Eine ähnlich ungewöhnliche Temperaturabhängigkeit der Stromdichte kann für negative Spannungen beobachtet werden (siehe Abb. 5.2b). Hier zeigt sich jedoch ein Minimum bei etwa 240 K. Mit sinkender Temperatur steigt dann die Stromdichte wieder an bis etwa 150 K. Dies ist verbunden mit einer deutlichen Änderung der Kennlinienform. Anschließend sinkt die Stromdichte bis hin zu 4,2 K wieder ab. Eine weitere Veränderung der Kennlinien wird hier nicht beobachtet.

Dieses Verhalten kann nicht mit einer einfachen rechteckigen (symmetrischer Kontakt)

---

[1]Hier sei noch einmal daran erinnert, dass Spannungen relativ zum Potential der unteren Elektrode angegeben werden.

5.1. Ladungsträgertransport für STO-Schichtdicken $d_{STO} > 30\,\text{nm}$

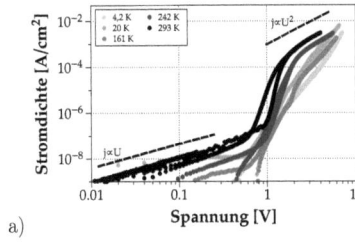
a)

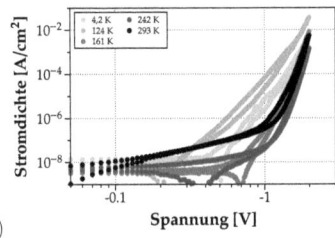
b)

Abbildung 5.2.: Logarithmische Darstellung der Kennlinien eines YBCO/STO/Au-Systems ($d_{STO} = 115\,\text{nm}$) für a) positive und b) negative Spannungen bei unterschiedlichen Temperaturen. Die gestrichelten Linien in a) deuten die typische j-U-Abhängigkeit der raumladungslimitierten Leitung an.

oder trapezförmigen Barriere (asymmetrischer Kontakt) in Einklang gebracht werden[2]. Tunnelprozesse könnten zwar zunächst die geringe Temperaturabhängigkeit der Stromdichte bei tiefen Temperaturen erklären. Bei einer Barrierendicke von $d > 30\,\text{nm}$ ist es jedoch sehr unwahrscheinlich, dass direktes Tunneln effektiv zum Stromfluss beiträgt.

Thermionische Emission kann den Kennlinienverlauf nur bei kleinen Spannungen ($U < 1\,\text{V}$) erklären. Allerdings müssen für eine korrekte Beschreibung der Kennlinie sehr kleine effektive Barrierenhöhen angenommen werden. Dieses Problem wurde in der Literatur bereits vielfach diskutiert und auf den Einflüsse von Oberflächenzuständen oder einer homogenen ferroelektrischen Polarisation zurückgeführt [177, 178]. Ob dies hier auch zutrifft muss im Folgenden geprüft werden.

Bei hohen Temperaturen und positiven Spannungen beobachtet man für STO-Schichtdicken bis etwa 150 nm Kennlinien, die einem raumladungslimitierten Prozess mit flachen Traps in der Barriere entsprechen. Der Strom steigt also zunächst linear an. Ab einer bestimmten Spannung U_{TFL} sind alle Traps dauerhaft besetzt, woraufhin der Strom sprunghaft ansteigt und sich anschließend die quadratische Abhängigkeit des trapfreien Isolators einstellt (siehe Abb. 5.2a). Für kleine Spannungen ($U < U_{\text{TFL}}$) zeigt sich zudem eine mit raumladungslimitierter Leitung nach Gl. (2.20) konsistente Temperaturabhängigkeit der Stromdichte. Die erwartete Schichtdickenabhängigkeit von $j \propto 1/d^3$ konnte jedoch nicht beobachtet werden. Ebenfalls spricht die starke Asymmetrie der Kennlinie gegen diesen bulk-limitierten Prozess.

Für negative Spannungen verläuft die Kennlinie nahezu diodenartig entsprechend der

---
[2]Der Begriff „symmetrischer" bzw. „asymmetrischer Kontakt" bezeichnen jeweils einen Isolator mit gleichartigen Elektroden (gleiche Austrittsarbeit) bzw. unterschiedlichen Elektroden (unterschiedliche Austrittsarbeit).

5. Ladungsträgertransport

Gleichung $j = j_0 \left[\exp\left(\frac{eU}{nk_\mathrm{B}T}\right) - 1\right]$, wobei n der Idealitätsfaktor ist. Allerdings ist auch hier die gemessene Temperaturabhängigkeit der Stromdichte deutlich zu gering.

Die genannten Unvereinbarkeiten der Messergebnisse mit den theoretischen Vorhersagen grundlegender Ladungsträgertransportprozesse erfordern die Berücksichtigung bisher nicht betrachteter Effekte im YBCO/STO/Metall-System. Die RÖNTGEN-Untersuchungen haben gezeigt, dass in den STO-Schichten mechanische Spannungen auftreten, die mit dem Abstand zur Grenzfläche zur YBCO-Schicht abnehmen. Wie in den Grundlagen bereits erläutert, beeinflussen diese Spannungen das dielektrische Verhalten der STO-Schichten. Im Folgenden soll dieser Einfluss und die damit verbundenen Auswirkungen auf die Barrierenform genauer untersucht werden.

5.1.2. Temperaturabhängigkeit der Permittivität

Abbildung 5.3 zeigt eine Zusammenfassung der Ergebnisse der temperaturabhängigen Messungen der Permittivität für unterschiedliche STO-Schichtdicken. Dabei erfolgte die Auswertung der Rohdaten der Proben auf STO-Substraten wie in Abschnitt 3.3.2 vorgestellt. Einige grundlegende Eigenschaften der STO-Schichten lassen sich hier herauslesen und decken sich mit früheren Veröffentlichungen [153, 179–183]. Die Kurven zeigen ein Maximum, dessen Temperatur T_m mit sinkender Schichtdicke ansteigt. Dabei nimmt jedoch der Wert der maximalen Permittivität ab. In YBCO/STO/YBCO-Systemen können die höchsten Permittivitäten mit den niedrigsten Werten für T_m erreicht werden. Zur Beschreibung dieses Verhaltens soll ein phänomenologisches Modell herangezogen werden, wie es in Abschnitt 2.2.2 beschrieben wurde. Um den epitaktischen Verspannungen an der Grenzfläche zum YBCO ausreichend gerecht zu werden, werden zusätzliche Beiträge aufgrund des flexoelektrischen Effekts in STO berücksichtigt. Das im Folgenden vorgestellte Modell basiert grundlegend auf der Arbeit von CATALAN et al. [182].

Flexoelektrizität ist die Eigenschaft eines dielektrischen Festkörpers, eine Polarisation aufgrund eines Dehnungsgradienten zu zeigen. Für STO konnte dieser Effekt bereits experimentell nachgewiesen und in *ab initio*-Rechnungen theoretisch fundiert werden [184, 185]. Der Zusammenhang zwischen Dehnungsgradient und Polarisation ist dann in zentrosymmetrischen Systemen in der paraelektrischen Phase ohne äußeres Feld durch folgende Gleichungen gegeben [186]:

$$P_l = \mu_{ijkl}\frac{\partial \epsilon_{ij}}{\partial x_k} \ . \tag{5.1}$$

Damit errechnet sich die *out-of-plane*-Polarisation zu:

$$P_3 = \mu_{11}\frac{\partial \epsilon_3}{\partial x_3} + \mu_{12}\left(\frac{\partial \epsilon_1}{\partial x_3} + \frac{\partial \epsilon_2}{\partial x_3}\right) + \mu_{44}\left(\frac{\partial \epsilon_5}{\partial x_1} + \frac{\partial \epsilon_4}{\partial x_2}\right) \ . \tag{5.2}$$

ϵ_{ij} und μ_{ijkl} sind hier entsprechend die Komponenten des Tensors der Dehnung und des flexoelektrischen Polarisationskoeffizienten. Auf der rechten Seite von Gl. (5.2) wurde außerdem die VOIGT-Notation verwendet und die Summen über i,j und k aufgelöst.

5.1. Ladungsträgertransport für STO-Schichtdicken $d_{STO} > 30\,\text{nm}$

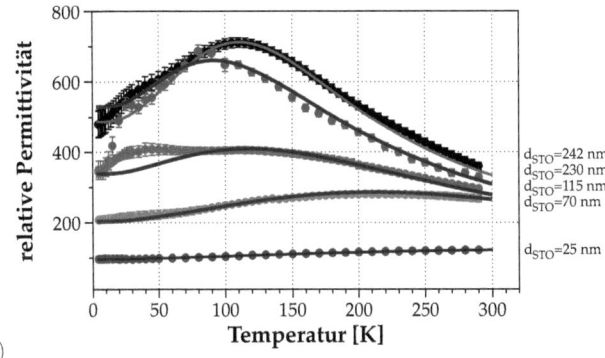

a)

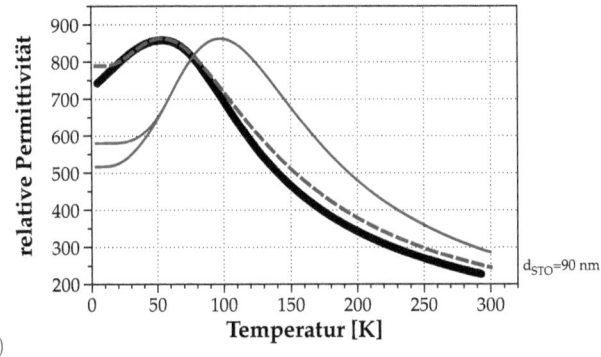

b)

Abbildung 5.3.: a) Gemessene Temperaturabhängigkeit der relativen Permittivität des YBCO/STO/Au-Systems für unterschiedliche Schichtdicken aufgenommen bei einer Frequenz von $f = 10\,\text{kHz}$. Die durchgezogenen Linien sind Simulationen entsprechend dem im Text vorgestellten Modell. b) Gemessene Temperaturabhängigkeit der relativen Permittivität des YBCO/STO/YBCO-Systems für $d_{STO} = 90\,\text{nm}$ aufgenommen bei einer Frequenz von $f = 10\,\text{kHz}$. Die dünn durchgezogene Linie entspricht der Simulation mit den Materialparametern nach Tab. 5.1. Die unterschiedlichen Verläufe bei $T < 50\,\text{K}$ resultieren aus den mathematisch möglichen Lösungen von Gl. (5.10) für die Polarisation. Für die gestrichelte Linie wurde die CURIE-Temperatur auf $T_C^* = -4\,\text{K}$ gesetzt. Weitere Details hierzu können dem Text entnommen werden.

5. Ladungsträgertransport

Des Weiteren wurde berücksichtigt, dass in einer zentrosymmetrischen Punktgruppe der Tensor $\hat{\mu}$ nur drei unabhängige Komponenten hat – μ_{11}, μ_{12} und μ_{44}.
In dünnen Schichten, die durch eine Gitterfehlanpassung zum Substrat verspannt sind, sind im Wesentlichen die Anteile $\partial\epsilon_1/\partial x_3$ und $\partial\epsilon_2/\partial x_3$ ungleich Null. Die Polarisation ist dann direkt mit einem elektrischen Feld verbunden:

$$E_3 = \nu_{12}\left(\frac{\partial \epsilon_1}{\partial x_3} + \frac{\partial \epsilon_2}{\partial x_3}\right) = \frac{\mu_{12}}{\varepsilon_0 \varepsilon_3}\left(\frac{\partial \epsilon_1}{\partial x_3} + \frac{\partial \epsilon_2}{\partial x_3}\right) = \gamma_{12}\left(\frac{\partial \varsigma_1}{\partial x_3} + \frac{\partial \varsigma_2}{\partial x_3}\right), \quad (5.3)$$

wobei ν_{ij} der Kopplungskoeffizient zwischen Dehnungsgradient und elektrischen Feld, ε_i die relative Permittivität und γ_{ij} der flexoelektrische Feldkoeffizient ist.

Die freie Energie des Systems lässt sich nun entsprechend der Gln. (2.28) und (2.30) unter Berücksichtigung des flexoelektrischen und des umgekehrt flexoelektrischen Effekts wie folgt aufschreiben [182]:

$$\mathcal{F} = \frac{1}{2}g_1 P_3^2 + \frac{1}{4}g_2 P_3^4 - Q_{12}(\varsigma_1 + \varsigma_2)P_3^2 - \frac{1}{2}s_{11}(\varsigma_1^2 + \varsigma_2^2) - s_{12}(\varsigma_1\varsigma_2)$$

$$-\gamma_{12}\left(\frac{\partial \varsigma_1}{\partial x_3} + \frac{\partial \varsigma_2}{\partial x_3}\right)P_3 - \eta_{12}(\varsigma_1 + \varsigma_2)\frac{\partial P_3}{\partial x_3} + G\left(\frac{\partial P_3}{\partial x_3}\right)^2$$

$$+ K\left[\left(\frac{\partial \varsigma_1}{\partial x_3}\right)^2 + \left(\frac{\partial \varsigma_2}{\partial x_3}\right)^2\right] - E_{\text{ext},3}P_3 + \varsigma_i \epsilon_i. \quad (5.4)$$

Hier sind die Q_{ij} die elektrostriktiven Spannungskoeffizienten, die s_{ij} die elastischen Spannungskoeffizienten, die η_{ij} die umgekehrt flexoelektrischen Koeffizienten und K ist die Korrelationskonstante der Spannung. Für Gl. (5.4) wird prinzipiell erlaubt, dass die Polarisation vom Ort x_3 innerhalb der Probe abhängt. Verwendet man wieder das Dehnungsprofil einer Relaxation durch den Einbau von Versetzungen nach Gl. (4.1) ist leicht einzusehen, dass auch die resultierende Polarisation von x_3 abhängen muss.

Im thermischen Gleichgewicht muss nun $\partial\mathcal{F}/\partial P_3 = \partial\mathcal{F}/\partial\varsigma = 0$ gelten. Zur Vereinfachung der Lösung werden eine Reihe von Annahmen getroffen:

- $\varsigma_1 = \varsigma_2 = \varsigma$, $\epsilon_1 = \epsilon_2 = \epsilon$: Diese Annahme trifft streng genommen auf das System YBCO/STO nicht zu, da die a- und b-Achse des YBCO nicht gleich groß sind. Wie jedoch später gezeigt wird, hängt der tatsächliche Wert der Dehnung nicht nur vom Verhältnis der Gitterkonstanten an der Grenzfläche ab, sondern die Gitter beeinflussen sich gegenseitig. Das Verhältnis der Dehnung – und damit der Spannung – in a- und b-Richtung kann daher nur abgeschätzt werden und wird hier zur Vereinfachung auf Eins gesetzt.

- Null-Randbedingungen: Die Lösung von Gl. (5.4) wird durch Null-Randbedingungen deutlich vereinfacht, auch wenn dessen physikalische Gültigkeit diskussionswürdig ist [182]. Anderenfalls müssen zusätzliche Oberflächen-Terme in der freien Energie berücksichtigt werden.

5.1. Ladungsträgertransport für STO-Schichtdicken $d_{STO} > 30\,\text{nm}$

- Vernachlässigung der Korrelationsterme $G(\partial P_3/\partial x_3)^2$ und $K(\partial \varsigma/\partial x_3)^2$: Diese Terme liefern besonders in ultradünnen Schichten einen entscheidenden Beitrag zur freien Energie. Für hinreichend dicke Schichten können die Korrelationsterme im Allgemeinen vernachlässigt werden. Durch diese Vereinfachung kann also besonders bei dünnen Schichten eine deutliche Abweichung zwischen Theorie und den Messungen erwartet werden.

Für alle weiteren Rechnungen sei hier auf [182] verwiesen. An dieser Stelle soll nur die Lösung für die dielektrische Suszeptibilität angegeben werden:

$$E = g_1^*(x_3)P_3(x_3) + g_2^*P_3(x_3)^3 - \frac{2(\gamma_{12} - \eta_{12})}{s_{11} + s_{12}}\frac{\partial \epsilon(x_3)}{\partial x_3}, \tag{5.5}$$

$$\chi_{\text{eff}}^{-1} = \frac{\int_0^d \left[g_1^*(x_3) + 3g_2^*P_3(x_3)^2\right]\,\mathrm{d}x_3}{d}. \tag{5.6}$$

Es wurden die folgenden Abkürzungen verwendet:

$$g_1^*(x_3) = \alpha\left[\frac{T_1}{2}\coth\left(\frac{T_1}{2T}\right) - T_C^*(x_3)\right], \tag{5.7}$$

$$g_2^* = \left(g_2 + \frac{4Q_{12}^2}{s_{11} + s_{12}}\right), \tag{5.8}$$

$$T_C^*(x_3) = T_C + \frac{4Q_{12}}{\alpha(s_{11} + s_{12})}\epsilon(x_3). \tag{5.9}$$

Hier ist T_1 die charakteristische Temperatur in der BARRETT-Formel (5.7), unterhalb der Quanteneffekte die dielektrischen Eigenschaften beeinflussen [146] und $\alpha = (\epsilon_0 \mathcal{C})^{-1}$ mit der CURIE-Konstanten $\mathcal{C}$.

Gleichung (5.5) hat nun die Form:

$$g_1^*(x_3)P_3(x_3) + g_2^*P_3(x_3)^3 - c = 0 \tag{5.10}$$

mit

$$c = \frac{2(\gamma_{12} - \eta_{12})}{s_{11} + s_{12}}\frac{\partial \epsilon(x_3)}{\partial x_3} - E. \tag{5.11}$$

Damit ergeben sich die folgenden reellen Lösungen [187]:

$$P_3 = \left[\frac{c}{2g_2^*} + \sqrt{\left(\frac{g_1^*}{3g_2^*}\right)^3 + \left(\frac{c}{2g_2^*}\right)^2}\right]^{1/3} + \left[\frac{c}{2g_2^*} - \sqrt{\left(\frac{g_1^*}{3g_2^*}\right)^3 + \left(\frac{c}{2g_2^*}\right)^2}\right]^{1/3} \tag{5.12}$$

wenn $\left(\frac{g_1^*}{3g_2^*}\right)^3 + \left(\frac{c}{2g_2^*}\right)^2 > 0$, und:

$$P_{3,k} = 2\sqrt{-\frac{g_1^*}{3g_2^*}}\cos\left(\frac{\theta}{3} + \frac{2k\pi}{3}\right), \quad k = 0,1,2 \tag{5.13}$$

5. Ladungsträgertransport

mit $\cos\theta = -\frac{c}{2g_2^*}/\sqrt{-\left(\frac{g_1^*}{3g_2^*}\right)^3}$, wenn $\left(\frac{g_1^*}{3g_2^*}\right)^3 + \left(\frac{c}{2g_2^*}\right)^2 < 0$.

Um den realen Bedingungen im Schichtsystem YBCO/STO/Au noch näher zu kommen, muss weiterhin berücksichtigt werden, dass effektiv elektrische Felder aufgrund von Bandverbiegungen an den Grenzflächen zu den Elektroden auf die STO-Schicht wirken. Bei Schichten, deren Dicke kleiner ist als die typische Ausdehnung der Verarmungszone λ_V bzw. Akkumulationszone λ_A, lässt sich das elektrische Feld einfach aus dem Unterschied der Austrittsarbeiten der Elektroden berechnen: $E = \Delta\psi/ed$ [34]. Dies trifft auf nahezu alle Proben zu, die in dieser Arbeit untersucht wurden, wie mit einer einfachen Abschätzung gezeigt werden kann[3]:

$$\lambda_\mathrm{A} = \frac{\pi}{2}\left(\frac{2k_\mathrm{B}T\varepsilon_\mathrm{r}\varepsilon_0}{e^2 N_\mathrm{t}}\right)^{1/2}\exp\left(\frac{\psi_\mathrm{i} - \varpi - \mathcal{E}_\mathrm{t}}{2k_\mathrm{B}T}\right) \tag{5.14}$$

$$= \frac{\pi}{2}\left(\frac{2k_\mathrm{B}\cdot 290\,\mathrm{K}\cdot 300\cdot\varepsilon_0}{e^2\cdot 10^{24}\,\mathrm{m}^{-3}}\right)^{1/2}\exp\left(\frac{0{,}1\,\mathrm{eV}}{2k_\mathrm{B}\cdot 290\,\mathrm{K}}\right) \approx 330\,\mathrm{nm}\,, \tag{5.15}$$

$$\lambda_\mathrm{V} = \left[\frac{2(\psi_\mathrm{m}-\psi_\mathrm{i})\varepsilon_\mathrm{r}\varepsilon_0}{e^2 N_\mathrm{d}}\right]^{1/2} = \left[\frac{2\cdot 2{,}2\,\mathrm{eV}\cdot 300\cdot\varepsilon_0}{e^2\cdot 10^{24}\,\mathrm{m}^{-3}}\right]^{1/2} \approx 260\,\mathrm{nm}\,. \tag{5.16}$$

Im Falle eines OHM'schen Kontaktes vergrößert sich zudem die Akkumulationszone aufgrund der exponentiellen Abhängigkeit mit sinkender Temperatur noch deutlich. Die Austrittsarbeit des Isolators wurde entsprechend der Gleichung $\psi_\mathrm{i} = \varpi + (\mathcal{E}_\mathrm{c} - \mathcal{E}_\mathrm{f})$ berechnet, wobei die Elektronenaffinität $\varpi = 4{,}1\,\mathrm{eV}$ und die Lage des FERMI-Niveaus unter der Leitungsbandunterkante $(\mathcal{E}_\mathrm{c} - \mathcal{E}_\mathrm{f}) = 0{,}3\,\mathrm{eV}$ [188] eingesetzt wurden. Für die Austrittsarbeit des Metalls ψ_m wurde die von YBCO mit $\psi_\mathrm{YBCO} = 6{,}6\,\mathrm{eV}$ verwendet. Dies ist ein relativ hoher Wert im Vergleich zu den in Abschnitt 2.3.2 angegebenen Bereich. Er wird jedoch dem Sauerstoffdefizit, der für die meisten Proben bereits festgestellt wurde, am ehesten gerecht.

Die Differenz der Austrittsarbeiten zwischen YBCO und Gold beträgt damit etwa $\Delta\psi = \psi_\mathrm{Au} - \psi_\mathrm{YBCO} \approx 5{,}1\,\mathrm{eV} - 6{,}6\,\mathrm{eV} = -1{,}5\,\mathrm{eV}$. Andererseits kann die Barriere an der Grenzfläche zu den Elektroden aufgrund von Oberflächenzuständen deutlich verringert werden, wodurch sich auch das innere elektrische Feld reduziert (im Extremfall bis auf $E = -0{,}3\,\mathrm{eV}/ed$)[4]. Für die folgenden Simulationen wurde daher ein Mittelwert von $E = -1{,}0\,\mathrm{eV}/ed$ gewählt. Aufgrund dieser Unsicherheit in der Größe des inneren Feldes ergibt sich jedoch nur ein Fehler von $< 20\%$ für die freien Parameter der Simulation.

Die Gln. (5.6)–(5.13) wurden numerisch mithilfe eines selbst entwickelten Programms ausgewertet (siehe Anhang A.3), um den Temperaturverlauf der Permittivität zu simulieren. Dabei wurde für $\epsilon(x_3)$ Gl. (4.1) verwendet, die auch schon bei den RÖNTGEN-Untersuchungen zur Beschreibung der Dehnung in den STO-Schichten herangezogen wurde. Als freie Parameter wurden nur die Dehnung an der Grenzfläche ϵ_0 und die zugehörige Abklinglänge λ_ϵ variiert. Die verwendeten Materialparameter sind in

---

[3]Es sei daran erinnert, dass die STO-Schichtdicken der hier untersuchten Proben im Bereich 25...240 nm liegen.

[4]Weitere Details hierzu können dem Abschnitt 5.1.3 entnommen werden.

5.1. Ladungsträgertransport für STO-Schichtdicken $d_{STO} > 30\,\text{nm}$

$s_{11} + s_{12}$	$[\text{m}^2\text{N}^{-1}]$	$3{,}0 \cdot 10^{-12}$	[183, 189]
Q_{12}	$[\text{C}^{-2}\text{m}^4]$	$-0{,}0135$	[183, 189]
g_2	$[\text{C}^{-4}\text{m}^6\text{N}]$	$1{,}7 \cdot 10^9$	[183, 189]
$\gamma_{12} - \eta_{12}$	$[\text{C}^{-1}\text{m}^3]$	$\approx 10^{-9}$	[182]
α	$[\text{K}^{-1}\text{F}^{-1}\text{m}]$	$1{,}4 \cdot 10^6$	[64]
T_1	$[\text{K}]$	80	[64]
T_C	$[\text{K}]$	$35{,}5$	[64]

Tabelle 5.1.: Verwendete Materialparameter zur Simulation der Temperaturabhängigkeit der Permittivität.

Tab. 5.1 aufgelistet. Wie man Abb. 5.3a entnehmen kann, ergibt sich eine gute Übereinstimmung zwischen Simulation und Messdaten für STO-Schichtdicken im Bereich $d_{STO} = (115\ldots 240)\,\text{nm}$. Die besten Ergebnisse wurden dabei für $\epsilon_0 = -(3{,}2\ldots 4{,}3)\cdot 10^{-3}$ und $\lambda_\epsilon = (70\ldots 150)\,\text{nm}$ erreicht.

Um diese Ergebnisse bewerten zu können, kann man zunächst mit der Gleichung [119]:

$$\epsilon_0 = \frac{a_\parallel - a_0}{a_0}, \tag{5.17}$$

die Dehnung an der Grenzfläche zum Substrat[5] bestimmen, wobei hier a_0 die Gitterkonstante des spannungsfreien dielektrischen Materials und $a_\parallel$ die Gitterkonstante der verspannten Schicht ist. Für $a_\parallel$ wird häufig die spannungsfreie Gitterkonstante des Substrats angenommen. Im Falle der Kombination YBCO/STO ergibt sich damit eine Dehnung $\epsilon_0 = -2{,}1 \cdot 10^{-2}$ für die Anpassung an die a-Achse des YBCO und $\epsilon_0 = -4{,}6 \cdot 10^{-3}$ für die YBCO-b-Achse. Diese einfache Annahme liefert jedoch zu große Werte im Vergleich zu den Ergebnissen der Simulation. Dies liegt einerseits daran, dass die YBCO-Schicht selbst nicht die Gitterkonstanten eines spannungsfreien Einkristalls aufweist, sondern ebenfalls durch das epitaktische Wachstum auf einem Substrat verspannt ist. Im Falle des Wachstums auf STO-Substraten kommt es damit bereits zu einer Angleichung der Gitterkonstanten an die STO-Schicht. Darüber hinaus führen epitaktische Spannungen im Allgemeinen zu einer Dehnung sowohl in der Schicht, als auch im Substrat. Dies konnte am System YBCO/STO mithilfe von temperaturabhängigen RÖNTGEN-Untersuchungen gezeigt werden [30, 190]. Da die Elastizitätsmoduln von YBCO und STO nahezu gleich groß sind [182, 183, 191], wird die Spannung an der Grenzfläche auch eine etwa gleich große Dehnung in beiden Materialien hervorrufen. Zieht man nun das arithmetische Mittel aus den nun nur noch halb so großen Dehnungen in a- und b-Richtung als gemeinsame biaxiale Dehnung heran, erhält man für ϵ_0 den Wert $-6{,}4 \cdot 10^{-3}$.

In Gl. (5.4) wurde darüber hinaus der Einfluss von Depolarisationsfeldern nicht berücksichtigt. Unter der vereinfachenden Annahme perfekter Elektroden (THOMAS-FERMI-

---
[5]Wobei hier die YBCO-Schicht die Funktion des Substrates übernimmt.

5. Ladungsträgertransport

Abschirmlänge $\lambda_{\text{TF}} = 0$) kann das Depolarisationsfeld E_{D} über die Gleichung [55, 192]:

$$E_{\text{D}}(x_3) = -\frac{1}{\varepsilon_0}\left[P_3(x_3) + \rho_{\text{OF}}\right] \qquad (5.18)$$

berechnet werden, wobei ρ_{OF} die abschirmende Oberflächenladung in den Elektroden ist. Diese Oberflächenladung ergibt sich aus dem Mittelwert der Polarisation in der STO-Schicht:

$$\rho_{\text{OF}} = -\frac{1}{d}\int_0^d P_3(x_3)\mathrm{d}x_3 \ . \qquad (5.19)$$

Der freien Energie pro Flächeneinheit muss dann der Term:

$$\frac{\Delta F}{A} = -\int_0^d \frac{1}{2}E_{\text{D}}(x_3)P_3(x_3)\mathrm{d}x_3 = \frac{1}{2\varepsilon_0}\int_0^d P_3(x_3)^2 \mathrm{d}x_3 - \frac{1}{2\varepsilon_0 d}\left(\int_0^d P_3(x_3)\mathrm{d}x_3\right)^2 \qquad (5.20)$$

hinzugefügt werden[6]. Entsprechend der oben ausgeführten Minimierung von F nach dem Ordnungsparameter P_3 erhält man damit einen zusätzlichen Beitrag zu $g_1^*(x_3)$, der eine Verringerung der effektiven CURIE-Temperatur $T_{\text{C}}^*(x_3)$ zur Folge hat [55, 192]. Je größer der Einfluss des Depolarisationsfeldes ist, desto stärker wird $T_{\text{C}}^*(x_3)$ zu geringeren Werten verschoben. Damit verschiebt sich auch das Maximum der Permittivität zu geringeren Temperaturen.

Das Nichtberücksichtigen dieses Effektes hat Auswirkungen auf die Wahl der Fitparameter des verwendeten Modells. Da in der gemessenen Charakteristik das Maximum der Permittivität bei geringeren Temperaturen liegt, als dass das zur Simulation verwendete Modell erwarten lässt, musste zunächst zur Kompensation ein zu kleiner Wert für ϵ_0 angenommen werden[7]. Um die dann zu hoch ausfallende Permittivität zu korrigieren, musste ein zu kleiner Wert für λ_ϵ gewählt werden. Damit wird auch die Abweichung der Simulationsergebnisse von der oben aufgeführten Abschätzung für ϵ_0 und den in Abschnitt 4.2.3 aus den RÖNTGEN-Untersuchungen bestimmten Werten von $\epsilon_0 = 5{,}3 \cdot 10^{-3}$ und $\lambda_\epsilon = 190\,\text{nm}$ erklärt.

Für das System YBCO/STO/YBCO wirkt sich der Einfluss des Depolarisationsfeldes besonders stark aus, da hier der Mittelwert der Polarisation gleich Null ist, und damit auch $\rho_{\text{OF}} = 0$. Aus diesem Grund konnten zunächst auch keine geeigneten Parameter gefunden werden, die den Kurvenverlauf gut wieder geben. Für $\epsilon_0 = 3{,}8 \cdot 10^{-3}$, $\lambda_\epsilon = 74\,\text{nm}$, internes elektrisches Feld $E_{\text{int}} = 0$ und ein symmetrisches Dehnungsfeld wird zwar der gleiche Maximalwert der Permittivität wie in der Messung erreicht, jedoch bei einer zu hohen Temperatur (siehe Abb. 5.3b). Tatsächlich kann jedoch die Temperatur-

---

[6]Im Falle konstanter Polarisation in der STO-Schicht verschwindet dieser Term.
[7]Hier sei daran erinnert, dass negative Dehnung nach Gl. (5.9) eine Verschiebung von T_{C} und damit T_{m} zu höheren Temperaturen bewirkt. Je größer der Betrag der Dehnung jedoch ist, desto geringer ist die Permittivität im gesamten Temperaturverlauf.

abhängigkeit der Permittivität mit einer verringerten effektiven CURIE-Temperatur von $T_C^* = -4\,\text{K}$ sehr gut simuliert werden[8].

Um auch für dünnere Schichten eine gute Anpassung an die Messdaten zu erhalten, mussten höhere Werte für ϵ_0 bis $-1{,}3 \cdot 10^{-2}$ und deutlich geringere Abklinglängen angenommen werden. Aufgrund der vereinfachenden Annahmen des hier verwendeten Modells verlieren diese Parameter bei sehr dünnen Schichten jedoch ihre physikalische Bedeutung. Eine Aussage über die tatsächlichen Dehnung und deren Abklingverhalten ist hier nicht mehr möglich.

5.1.3. Potentialbarriere

Die Untersuchungen zur Temperaturabhängigkeit der Permittivität haben gezeigt, dass in der STO-Schicht ein Polarisationsgradient zu erwarten ist. Dessen Auswirkungen auf die Potentialbarriere soll im Folgenden zusammen mit weiteren Effekten diskutiert und ein erweitertes Modell der Potentialbarriere in dünnen epitaktischen STO-Schichten entwickelt werden. Ausgangspunkt hierfür ist die bereits beschriebene trapezförmige Barriere, die durch einen Ladungstransfer von einer Elektrode zur anderen entsteht [34]. Die Barrierenhöhe an der YBCO/STO-Grenzfläche beträgt dann $\varphi_0 = \psi_{\text{YBCO}} - \varpi_{\text{STO}} = 2{,}5\,\text{eV}$ und an der Au/STO-Grenzfläche $\varphi_0 = \psi_{\text{Au}} - \varpi_{\text{STO}} = 1{,}0\,\text{eV}$. Bandverbiegungen zum Angleich der Energiedifferenz zwischen Vakuum- und FERMI-Niveau an die Austrittsarbeit des Isolators werden vernachlässigt. Für das YBCO/STO/YBCO-System würde man demnach eine rechteckige Barriere erwarten.

Die Höhe der Barriere an den Grenzflächen zu den Elektroden kann jedoch zusätzlich durch Oberflächenzustände beeinflusst werden. Es kommt dabei zu einem Ladungsträgertransfer zwischen dem Metall und Oberflächenzuständen, die sich in der Bandlücke des Isolators befinden. COWLEY und SZE [193] haben für die resultierende Barrierenhöhe folgende Gleichung gefunden:

$$\varphi_0 = [S(\psi_m - \varpi) + (1-S)(\mathcal{E}_G - \varphi_{\text{LN}})]$$
$$+ \left\{ \frac{S^2 C}{2} - S^{3/2} \left[C(\psi_m - \varpi) + (1-S)(\mathcal{E}_G - \varphi_{\text{LN}}) \frac{C}{S} \right.\right.$$
$$\left.\left. - \frac{C}{S}(\mathcal{E}_c - \mathcal{E}_f + k_B T) + \frac{C^2 S}{4} \right]^{1/2} \right\} \quad (5.21)$$

mit

$$S = \frac{1}{1 + 0{,}1(\varepsilon_\infty - 1)^2} \quad \text{und} \quad C = \frac{2e\varepsilon_r N_d \delta_G^2}{\varepsilon_0} \;.$$

---

[8]Mit $\rho_{\text{OF}} = 0$ kann die effektive CURIE-Temperatur mit der Gleichung $T_C^*(x_3) = T_C + \frac{4Q_{12}}{s_{11}+s_{12}}\epsilon(x_3) - \frac{1}{\alpha\varepsilon_0}$ berechnet werden. Dies ergibt jedoch unphysikalisch kleine Werte für T_C^*, da $\frac{1}{\alpha\varepsilon_0} \approx 80000\,\text{K}$. Man muss jedoch beachten, dass bei korrekter Berücksichtigung des Depolarisationsfeldes in der freien Energie auch eine neue Verteilung der Polarisation in der STO-Schicht mit $\rho_{\text{OF}}(P_3(x_3)) \neq 0$ resultiert.

5. Ladungsträgertransport

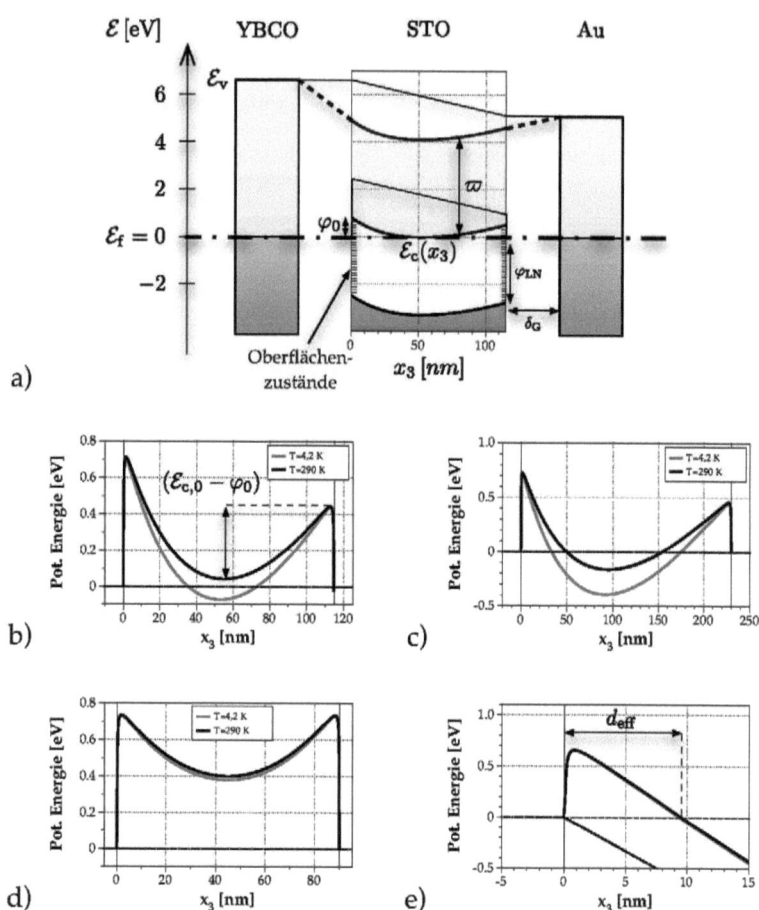

Abbildung 5.4.: a) Prinzipskizze zur Erläuterung des Barrierenmodells. Die dünne durchgezogenen Linie beschreibt den Ausgangszustand einer trapezförmigen Barriere. Diese wird durch Oberflächenzustände abgesenkt. Weitere Einzelheiten können dem Text entnommen werden. Beispielhaft sind die errechneten Barrierenformen des YBCO/STO/Au-Systems mit b) $d_{STO} =$ 115 nm und c) $d_{STO} = 230$ nm, sowie d) des YBCO/STO/YBCO-Systems mit $d_{STO} = 90$ nm dargestellt. e) zeigt die effektive Barriere bei einer Spannung von 6 V im YBCO/STO/YBCO-System.

5.1. Ladungsträgertransport für STO-Schichtdicken $d_{STO} > 30\,\text{nm}$

Wichtige Größen sind hier φ_{LN}, die Energie relativ zur Valenzbandoberkante unterhalb der alle Oberflächenzustände besetzt sind, um Ladungsneutralität zu erreichen; die Ausdehnung der Grenzschicht δ_G, sowie die Lage des FERMI-Niveaus unter der Leitungsbandunterkante $(\mathcal{E}_c - \mathcal{E}_f)$. Der Faktor C nimmt für perowskitische Materialien typischerweise Werte im Bereich $(1\ldots10)\,\text{eV}$ an [167], und S liegt für STO im Bereich $0{,}28\ldots0{,}45$ [194, 195]. Daraus ergibt sich eine Barrierenhöhe an der Grenzfläche YBCO/STO von $\varphi_0 = (0{,}8 \pm 0{,}2)\,\text{eV}$ und an der Grenzfläche Au/STO von $\varphi_0 = (0{,}5 \pm 0{,}1)\,\text{eV}$[9].

Der Polarisationsgradient aufgrund des flexoelektrischen Effekts hat nun eine Ladungsdichteverteilung gemäß der Gleichung $\rho = -\nabla_i \cdot P_j = -\frac{\partial P_3(x_3)}{\partial x_3}$ in der STO-Schicht [196] zur Folge. Diese wiederum ruft einen Potentialverlauf $\phi_P(x_3)$ hervor, der mithilfe der POISSON-Gleichung und der $P_3(x_3)$-Abhängigkeit, die in Abschnitt 5.1.2 bestimmt wurde, errechnet werden kann. Die Berechnungen wurden mithilfe eines GAUSS-SEIDEL-Verfahrens unter Kurzschlussbedingungen für alle Proben durchgeführt. Der Verlauf der potentiellen Energie ergibt sich dann aus der Gleichung $\varphi_P(x_3) = q \cdot \phi_P(x_3)$ mit q der Ladung des betrachteten Ladungsträgers.

Darüber hinaus soll die Verringerung der Barrierenhöhe durch Spiegelladungseffekte berücksichtigt werden. Die gesamte Barrierenform ergibt sich dann durch Superposition aller genannten Einflüsse und kann mithilfe der folgenden Gleichung berechnet werden:

$$\varphi(x_3) = \left[\varphi_{0,YBCO} - \frac{\varphi_{0,YBCO} - \varphi_{0,Au}}{d}x_3\right] + \varphi_P(x_3) - \frac{e^2}{16\pi\varepsilon_0\varepsilon_\infty}\left[\frac{1}{x_3} + \frac{1}{d-x_3}\right]. \quad (5.22)$$

Der erste Term beschreibt hier die Trapezbarriere unter Berücksichtigung der Absenkung der Barrierenhöhe aufgrund von Oberflächenladungen, während der letzte Term gleich dem Spiegelladungspotential an beiden Grenzflächen zu den Elektroden ist. Die untere Elektrode (YBCO) befindet sich demnach im Bereich $x_3 < 0$ und die obere (Au,YBCO) im Bereich $x_3 > d$. Eine Prinzipskizze des beschriebenen Modells ist zusammen mit den Barrieren für verschiedene STO-Schichtdicken in Abb. 5.4 für dargestellt. Der entscheidende Unterschied im Vergleich zu der ursprünglichen trapezförmigen Barriere ist die deutliche Absenkung der Barrieren an den Grenzflächen zu den Elektroden und die ebenfalls deutliche Absenkung der Leitungsbandunterkante in Inneren der STO-Schicht – teilweise bis unter das FERMI-Niveau. Letzteres ist verantwortlich für vergleichsweise geringen und temperaturabhängigen effektiven Barrierenbreiten, die bei der Diskussion der Ladungsträgertransportprozesse berücksichtigt werden müssen.

5.1.4. Ladungsträgertransport im System YBCO/STO/YBCO

Mithilfe des oben erarbeiteten Barrierenmodells kann nun der Ladungsträgertransport im System YBCO/STO/YBCO beschrieben werden. Die Temperaturabhängigkeit der Stromdichte – abgebildet in Abb. 5.5a – gibt bereits erste Hinweise, welche Ladungsträgertransportprozesse hier dominieren. Die einzelnen Werte der Stromdichte dieser Cha-

---

[9]Hier wurden folgende Werte für die Berechnung verwendet: Donordichte $N_d = 10^{18}\,\text{cm}^{-3}$, Energielücke $\mathcal{E}_G = 3{,}2\,\text{eV}$, Elektronenaffinität $\varpi = 4{,}1\,\text{eV}$, Permittivität $\varepsilon_r = 300$ und $\varepsilon_\infty = 6{,}1$, $\delta_G = 5\,\text{Å}$, $\varphi_{LN} = 2{,}6\,\text{eV}$ [167, 194], $(\mathcal{E}_c - \mathcal{E}_f) \approx 0{,}3\,\text{eV}$ [188].

rakteristik wurden dabei jeweils bei einer Spannung von $U = 6\,\text{V}$ aus den Kennlinien abgelesen. Unterhalb dieser Spannung war bei tiefen Temperaturen mit dem verwendeten Messsystem kein Strom nachweisbar.

Wie aus Abb. 5.5a ersichtlich wird, muss man zwei Temperaturbereiche unterscheiden. Für $T > 150\,\text{K}$ dominiert ein Transportprozess, bei dem Ladungsträger die Barriere durch thermische Anregung überwinden. Der Fit in Abb. 5.5a wurde entsprechend der Gleichung $\ln j \propto -\frac{\varphi_{0,\text{eff}}}{k_\text{B} T}$ durchgeführt, und ergab eine effektive Barrierenhöhe von $\varphi_{0,\text{eff}} = (0{,}12 \pm 0{,}01)\,\text{eV}$. Dieser geringe Wert ist nicht allein durch die Absenkung der Barriere durch Spiegelladungseffekte bei $U = 6\,\text{V}$ erklärbar[10].

Für $T < 150\,\text{K}$ verhält sich die $j(T)$-Abhängigkeit, wie sie von Tunnelprozessen her bekannt ist. Dies wird möglich, da bei hohen Spannungen die effektive Barrierendicke deutlich abnimmt, wie in Abb. 5.4e gezeigt wird. An dieser Stelle kann jedoch noch nicht eindeutig festgestellt werden, ob die Barriere direkt durchtunnelt, oder der Strom durch Hopping-Prozesse transportiert wird. Aus diesem Grund wurden die Messdaten entsprechend der theoretischen Abhängigkeiten sowohl für direktes Tunneln (Gl. (2.5)), als auch für VRH (Gl. (2.12)) gefittet. Für letzteres kann eine sehr gute Übereinstimmung mit der bekannten $\ln \sigma \propto T^{-1/4}$-Abhängigkeit erreicht werden. Die Leitfähigkeit wurde dazu numerisch aus dem Anstieg der Kennlinien bestimmt. Abweichungen ergeben sich nur bei tiefen Temperaturen. Diese lassen sich jedoch mit der von APSLEY und HUGHES [197] theoretisch vorhergesagten Temperaturunabhängigkeit der Leitfähigkeit insbesondere bei hohen Feldern erklären (siehe Abb. 5.5a). Detailliertere Erläuterungen zu diesem Modell werden im Zusammenhang mit den I-U-Kennlinien vorgestellt.

Versucht man $j(T)$ mithilfe der theoretischen Abhängigkeiten für direktes Tunneln zu beschreiben, kann eine moderate Übereinstimmung mit den Messwerten erreicht werden, wenn eine mittlere Barrierenhöhe von $\bar{\varphi} = 0{,}3\,\text{eV}$, eine effektive Barrierenbreite von $\Delta d = 9\,\text{nm}$ und eine effektive Masse der tunnelnden Elektronen von $m^* = 30 \cdot m$ angenommen wird. Die ersten beide Werte können dabei direkt aus dem Barrierenmodell in Abb. 5.4e abgelesen werden. Die effektive Masse erscheint jedoch deutlich zu hoch, zumal bisher nur Werte bis $m^* = 10 \cdot m$ berichtet wurden [198–200]. Eine bessere Übereinstimmung kann jedoch bei höheren Spannungen ($U > 10\,\text{V}$) mit $\bar{\varphi} = 0{,}3\,\text{eV}$, $\Delta d = 5\,\text{nm}$ und $m^* = 5 \cdot m$ erreicht werden.

Detailliertere Aussagen über den dominierenden Transportprozess können nun mithilfe der j-U-Kennlinien gewonnen werden. Im oberen Temperaturbereich entspricht der Kennlinienverlauf der bekannten Abhängigkeit $\ln j \propto \frac{\beta_\text{S} \sqrt{E}}{k_\text{B} T}$ der thermionischen Emission. Die Auswertung nach Gl. (2.15) lieferte jedoch keine zufriedenstellende Anpassung an die Messdaten, da sowohl für die RICHARDSON-Konstante, als auch für die Barrierenhöhe zu kleine Werte gewählt werden mussten. SIMMONS [201] weißt jedoch daraufhin, dass die Energieerhaltung für einen Ladungsträger nach der Emission in den Festkörpern nicht sichergestellt werden kann, insbesondere dann, wenn die mittlere freie Weglänge des Ladungsträgers kleiner als die Schichtdicke ist. In diesem Fall wird der Strom durch die

---

[10]Die effektive Barriere wird durch die Barrierenhöhe an der Grenzfläche zum Metall abzüglich der Absenkung durch Spiegelladungseffekte bei angelegter Spannung bestimmt: $\varphi_{0,\text{eff}} = \varphi_0 - \beta_\text{S}\sqrt{E}$.

5.1. Ladungsträgertransport für STO-Schichtdicken $d_{STO} > 30$ nm

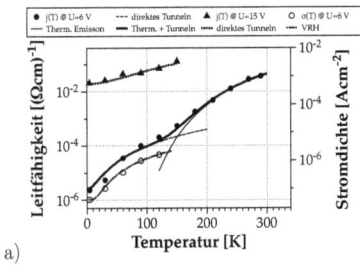
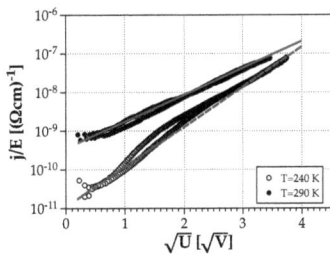

Abbildung 5.5.: a) Typische Temperaturabhängigkeit der Leitfähigkeit (●, ▲) bzw. der Stromdichte (○) bei unterschiedlichen Spannungen für das System YBCO/STO/YBCO mit Fits nach verschiedenen Modellen. Details können dem Text entnommen werden. b) Darstellung von j/E über $\sqrt{U}$ für das System YBCO/STO/YBCO bei hohe Temperaturen. Die durchgezogene bzw. gestrichelte Linie entsprechen dem in Gl. (5.23) gegebenen Modell der thermionischen Emission in Festkörpern für die jeweilige Temperatur.

Gleichung $j = eN\mu E$ begrenzt, wobei μ die Beweglichkeit und N die injizierte Ladungsträgerdichte im Isolator ist. Damit kann insgesamt folgender Zusammenhang zwischen Stromdichte und elektrischem Feld abgeleitet werden:

$$j = 2e \left(\frac{2\pi m k_B T}{h^2}\right)^{3/2} \mu E \exp\left(-\frac{\varphi_0}{k_B T}\right) \exp\left(\frac{\beta_S \sqrt{E}}{k_B T}\right). \quad (5.23)$$

Die Beweglichkeit wird nach den Ergebnissen von FREDRIKSE et al. [198] sowie TUFTE und CHAPMAN [200] temperaturabhängig behandelt. In dem hier betrachteten Temperaturbereich kann diese Abhängigkeit demnach über die empirisch gefundene Gleichung:

$$\mu = 2{,}9 \cdot 10^7 T^{-2{,}7} \, \text{cm}^2 \text{V}^{-1} \text{s}^{-1} \quad (5.24)$$

beschrieben werden, und ist darüber hinaus unabhängig von der Ladungsträgerkonzentration.

Mithilfe der Gln. (5.23) und (5.24) wurde aus den Kennlinien die Barrierenhöhe bei Raumtemperatur bestimmt. Sie beträgt nun $\varphi_0 = (0{,}63 \pm 0{,}02)\,\text{eV}$ und ist damit etwas geringer als die mit dem eingeführten Barrierenmodell errechnete von $\varphi_0 = (0{,}8 \pm 0{,}2)\,\text{eV}$. Trotzdem liegt sie noch gut innerhalb der Fehlergrenzen, welche aus der ungenauen Kenntnis der Parameter S und C herrühren. Weiterhin wurde aus $\beta_S = \sqrt{e^3/4\pi\varepsilon_0\varepsilon_\infty}$ die Permittivität bei hohen Frequenzen zu $\varepsilon_\infty \approx 10$ bestimmt. Dieser Wert ist vergleichbar mit den Literaturwerten von $\varepsilon_\infty = 5{,}3\ldots 6{,}8$ [194, 202, 203].

5. Ladungsträgertransport

Auch bei tieferen Temperaturen lassen sich die Kennlinien mit Gl. (5.23) gut beschreiben. Allerdings verringern sich φ_0 und ε_∞ mit sinkender Temperatur geringfügig, wobei die deutlichsten Veränderungen bei ε_∞ zu verzeichnen sind. Dieser Effekt ist auch verantwortlich für die scheinbar sehr geringe effektive Barrierenhöhe, die aus der Temperaturabhängigkeit der Stromdichte bestimmt wurde. Lässt man eine lineare Abnahme der effektiven Barrierenhöhe entsprechend der empirischen Gleichung $\varphi_{0,\text{eff}} = (0{,}63 - 1{,}45 \cdot 10^{-3}\,\text{K}^{-1} \cdot (290\,\text{K} - T))$ eV zu, kann der $j(T)$-Verlauf sehr gut wiedergegeben werden. Ungewöhnlich erscheint jedoch die Abnahme der Hochfrequenz-Permittivität mit der Temperatur, da in der Literatur eher ein Anstieg der Brechzahl mit sinkender Temperatur beschrieben wird [203]. Möglich ist, dass hier die dominierende thermionische Emission von einem anderen Transportprozess teilweise überlagert wird.

Die I-U-Kennlinien für Temperaturen kleiner 150 K zeigen tunnelartiges Verhalten. Dies bestätigt die Beobachtungen, die bei der Temperaturabhängigkeit der Leitfähigkeit gemacht wurden. Wie in Abb. 5.6 zu sehen ist, kann bis zu einer Spannung von etwa 10 V eine sehr gute Übereinstimmung mit dem VRH-Modell von APSLEY und HUGHES [197] nachgewiesen werden[11], welches die folgende Abhängigkeit:

$$\sigma = \sigma_0 \exp\left[-\left(\frac{2}{\mathcal{K}(\mathcal{P}+\mathcal{Q})}\right)^{1/4}\right] \qquad (5.25)$$

mit

$$\mathcal{K} = \frac{\mathcal{N}_{\text{LS}} \pi k_B T}{24\alpha^3}, \quad \mathcal{P} = \frac{1+\frac{1}{\beta}}{(1+\beta)^2}, \quad \mathcal{Q} = \frac{3\beta}{2} + 1 \quad \text{und} \quad \beta = \frac{Ee}{2\alpha k_B T}$$

vorhersagt. Hier sind $\mathcal{N}_{\text{LS}}$ die Zustandsdichte und α^{-1} die Abklinglänge der Wellenfunktion der lokalisierten Zustände, die auch Lokalisierungslänge genannt wird. Abweichungen vom typischen $\log \sigma \propto E^{-1/4}$-Verhalten werden nach diesem Modell insbesondere für hohe Temperaturen und kleine Felder ($\beta \ll 1$) erwartet. Dieses Verhalten kann anhand der Kennlinie bei 120 K in Abb. 5.6 sehr gut beobachtet werden. Die besten Fitergebnisse wurden für alle Kennlinien im Temperaturbereich $(4{,}2\,\text{K}\ldots 120)$ K mit $\alpha^{-1} = (7{,}0 \pm 0{,}2)$ Å und $\mathcal{N}_{\text{LS}} = (2{,}4 \pm 0{,}2) \cdot 10^{18}$ (eVcm^3)$^{-1}$ erreicht.

Bei höheren Spannungen als 10 V verändert sich der Anstieg der Kennlinien. Die Temperaturabhängigkeit der Stromdichte zeigt weiterhin einen mit Tunnelprozessen vereinbaren Verlauf (siehe Abb. 5.5a). Direktes Tunneln kann den Kennlinienverlauf jedoch nicht erklären. Allerdings hat die effektive Tunnelbarriere hier nur noch eine Dicke von weniger als 6 nm (vgl. Abb. 5.4e). Möglicherweise ist die Anstiegsänderung mit einem Übergang von dem perkolativen VRH-Prozess in ein gerichtetem Hopping über lokalisierte Zustände verbunden. Prinzipiell würde sich die Leitfähigkeit dann mithilfe von Gl. (2.11) für $n \to \infty$ beschreiben lassen. Aufgrund der dann ebenfalls unendlichen Anzahl der Proportionalitätsfaktoren ist diese Gleichung für eine genauere Analyse der Kennlinien ungeeignet. Beispielhaft wurde dennoch in Abb. 5.6 der Verlauf der Leitfähigkeit für

---

[11] Die Kennlinien wurden numerisch differenziert, um die Leitfähigkeit in Abhängigkeit von der Spannung bzw. dem elektrischen Feld zu erhalten.

Abbildung 5.6.:
Darstellung der Leitfähigkeit über $E^{1/4}$. Die durchgezogenen Linien sind Fits nach dem durch Gl. (5.25) gegebenen VRH-Modell. Die Abweichungen von diesem Modell für Spannungen >10 V deuten auf einen eher gerichteten Hopping-Prozess im Vergleich zum perkolativen VRH hin. Um dies zu verdeutlichen wurde die theoretische σ-U-Abhängigkeit für das inelastische Hopping über 11 lokalisierte Zustände nach Gl. (2.10) eingezeichnet (gepuntete Linie, $\sigma \propto U^{130/12}$).

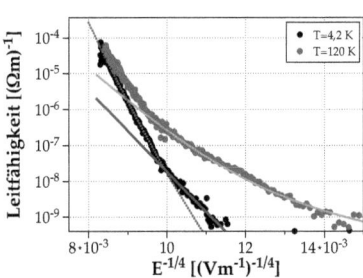

das Hopping über 11 Zustände eingezeichnet. Damit kann die Kennlinie bei $T = 4{,}2$ K bereits gut beschrieben werden.

5.1.5. Ladungsträgertransport im System YBCO/STO/Au

Für die Beschreibung des Ladungsträgertransports im YBCO/STO/Au-System soll zunächst der positive Teil der Kennlinien und der Temperaturbereich oberhalb 150 K betrachtet werden. Hier zeigt sich, wie bereits angedeutet, ein Verhalten, der dem raumladungslimitierten Transport ähnelt. Ungewöhnlich ist jedoch die starke Temperaturabhängigkeit (vgl. Abb. 5.7c), sowie die Tatsache, dass dieser Prozess nur bei positiven Spannungen beobachtet werden kann[12]. Zudem werden raumladungslimitierte Ströme eher bei Vorhandensein eines OHM'schen Kontaktes beobachtet. Ein solcher Kontakt bildet sich in dem hier betrachteten System jedoch nicht aus.

Eine andere Erklärung der beobachteten Kennlinienform kann mithilfe des oben entwickelten Barrierenmodells gefunden werden. Das Verhalten bei hohen Spannungen ($U >$ 2 V) lässt sich gut mithilfe des Modells der thermionischen Emission nach Gl. (5.23) unter Verwendung der gleichen Barrierenhöhe ($\varphi_0 = 0{,}63$ eV), die auch für das System YBCO/STO/YBCO gefunden wurde (siehe Abb. 5.7c), erklären[13]. Dies liegt auch nahe, da für positive Spannungen ebenfalls die Barriere an der YBCO/STO-Grenzfläche überwunden werden muss.

Prinzipiell lassen sich die Kennlinien bei niedrigen Spannungen auch mithilfe der thermionischen Emission beschreiben, allerdings muss hier eine höhere Barriere angesetzt werden. Ein Elektron, das thermisch in das STO über die Grenzfläche YBCO/STO emittiert wurde, kann aufgrund seiner geringen mittleren freien Weglänge seine Energie

---

[12]Für bulk-limitierte Prozesse erhält man in der Regel symmetrische Kennlinien, da der Stromfluss durch die Leitfähigkeit des jeweiligen Materials begrenzt wird.

[13]Für die Permittivität bei hohen Frequenzen ergab die Anpassung an die Messdaten einen Wert von $\varepsilon_\infty = 6{,}0 \pm 0{,}4$. Dieser entspricht sehr genau den Angaben aus der Literatur [194, 202, 203].

5. Ladungsträgertransport

beim Transit durch die STO-Schicht nicht erhalten. Damit muss es beim Verlassen der STO-Schicht eine zweite Barriere überwinden. Dieser Prozess vermindert die resultierende Stromdichte um den Faktor $\exp[-(\varphi_{0,2}-\mathcal{E}_{c0})/k_B T]$, wobei $(\varphi_{0,2} - \mathcal{E}_{c0})$ die Differenz zwischen der Barrierenhöhe an der Grenzfläche STO/Au und dem Minimum der Leitungsbandunterkante (siehe Abb. 5.4b) und damit gleich der Höhe der zweiten Barriere ist. Mit steigender Spannung verringert sich diese Differenz in etwa linear bis auf Null. Damit verbunden ist entsprechend ein exponentieller Anstieg der Stromdichte in diesem Spannungsintervall. Danach limitiert nur die Barriere an der Grenzfläche YBCO/STO mit $\varphi_0 = 0{,}63\,\text{eV}$ den Strom. Die Temperaturabhängigkeit der Stromdichte kann dann in gleicher Weise beschrieben werden, wie für das System YBCO/STO/YBCO. Die Anpassung entsprechend der Gleichung $j = j_0 \exp\left(-\frac{\varphi_{0,\text{eff}}}{k_B T}\right)$ oberhalb 150 K an die Messdaten (siehe Abb. 5.7a) ergibt eine effektive Barrierehöhe von $\varphi_{0,\text{eff}} = (0{,}16 \pm 0{,}02)\,\text{eV}$ bei $U = 2\,\text{V}$. Der leicht höhere Wert im Vergleich zum YBCO/STO/YBCO-System kann zum Teil damit erklärt werden, dass hier die Stromdichte bei einer geringeren Spannung gemessen wurde und damit die Barrierenabsenkung aufgrund von Spiegelladungseffekten geringer ausfällt.

Sinkt die Temperatur unter 150 K kann die thermionische Emission keine messbaren Ströme mehr liefern. Hier scheinen wieder Tunnelprozesse den Stromtransport zu dominieren. Im Spannungsbereich $(0{,}5\ldots 3{,}0)\,\text{V}$ kann die für VRH typische $\ln j \propto E^{-1/4}$-Abhängigkeit nachgewiesen werden (siehe Abb. 5.7d). Es zeigt sich auch hier bei größeren Spannungen eine deutliche Abweichung von diesem Verhalten, die wie bei dem YBCO/STO/YBCO-System mit einem Übergang zum gerichteten Hopping über lokalisierte Zustände erklärt werden kann. Auffällig ist jedoch, dass für eine gute Anpassung an die Messdaten eine Lokalisierungslänge von $\alpha^{-1} = (13{,}3\pm 0{,}3)\,\text{Å}$ angenommen werden musste. Dieser Wert ist nicht ungewöhnlich hoch für einen lokalisierten Zustand, allerdings ist er im Vergleich zu dem Ergebnis im YBCO/STO/YBCO-System etwa doppelt so groß. Auch hier tunneln die Ladungsträger im Wesentlichen durch die Barriere in der Nähe der Grenzfläche YBCO/STO. Prinzipiell sollten daher die lokalisierten Zustände auch ähnliche Eigenschaften zeigen. Unterschiede können jedoch durch unterschiedliche Bedingungen insbesondere bei der Abscheidung der oberen Elektrode sowie unterschiedliche Relaxation der mechanischen Spannungen in der STO-Schicht zustande kommen[14], da diese Prozesse die Defektbildung stark beeinflussen können.

Aus der Temperaturabhängigkeit der Stromdichte können keine weiteren Informationen über den dominierenden Transportprozess gewonnen werden. Beginnend bei 4,2 K steigt die Stromdichte zunächst an. Dieses Verhalten ist mit Hopping-Prozessen vereinbar. Allerdings zeigt sich bei etwa 50 K ein Maximum und die Stromdichte sinkt bis etwa 130 K deutlich ab (siehe Abb. 5.7a). Die hier zugrundeliegenden Prozesse sind noch nicht vollständig verstanden. In jedem Fall verringert sich mit sinkender Temperatur aufgrund der sich verstärkenden Krümmung der Leitungsbandunterkante die effektive Breite der

---

[14]Das Gold übt in erster Näherung keine Spannungen auf die STO-Schicht aus, im Gegensatz zur YBCO-Schicht.

5.1. Ladungsträgertransport für STO-Schichtdicken $d_{STO} > 30$ nm

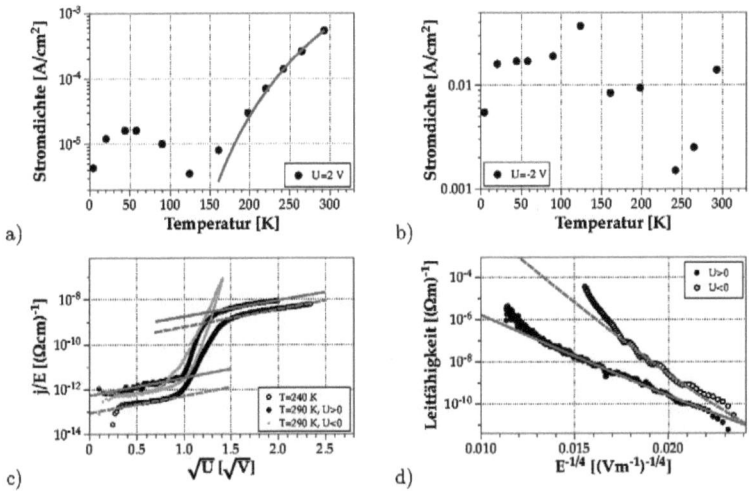

Abbildung 5.7.: Temperaturabhängigkeit der Stromdichte bei a) +2 V und b) -2 V. Die durchgezogene Linie beschreibt das Temperaturverhalten bei thermionischer Emission $j \propto \exp\left(-\frac{\varphi_0}{k_B T}\right)$ mit einer scheinbaren Barrierehöhe von $\varphi_0 = 0{,}16$ eV. c) j/E-$\sqrt{U}$-Darstellung der Kennlinien für das YBCO/STO/Au-System bei unterschiedlichen Temperaturen. Die durchgezogenen und gestrichelten Linien sind Fits entsprechend dem Modell der thermionischen Emission nach Gl. (5.23) für die jeweilige Temperatur. d) j-$E^{-1/4}$-Darstellung der Kennlinien für das YBCO/STO/Au-System bei $T = 4{,}2$ K mit den entsprechenden Fits nach dem VRH-Modell nach (Gl. 5.25) (durchgezogenen und gestrichelte Linie).

Tunnelbarriere, womit ein Anstieg der Stromdichte mit sinkender Temperatur erklärbar wäre.

Im negativen Teil der Kennlinie beobachtet man bei hohen Temperaturen und niedrigen Spannungen zunächst die gleiche Abhängigkeit, die schon bei positiven Spannungen festgestellt wurde. Der Strom wird demnach ebenfalls durch thermionische Emission über zwei aufeinanderfolgende Barrieren bestimmt. Um dies zu verdeutlichen wurde in Abb. 5.7c der negative Teil der Kennlinie bei Raumtemperatur im direkten Vergleich zum positiven Teil gestellt. Steigt die Spannung jedoch über etwa 1 V zeigt sich ein Durchbruchverhalten, bei dem die Stromdichte im Intervall (1...2) V um etwa fünf Grö-

5. Ladungsträgertransport

ßenordnungen ansteigt. Zum Schutz des Kontakts und zur Vermeidung einer elektrischen Heizung wurde die Stromdichte während der Messung auf $10^{-2}\,\mathrm{A/cm^2}$ begrenzt, so dass höhere Spannungen nicht erreicht werden konnten.

Dieser steile Anstieg der Stromdichte kann als Indiz für einen elektrischen Durchbruch gewertet werden. Eine Reihe von Argumenten sprechen jedoch gegen diese Annahme. Beim ZENER-Durchbruch, zum einen, durchtunneln die Ladungsträger die Barriere an der Grenzfläche zwischen Isolator und Elektrode wenn die Durchbruchspannung überschritten wird. Die zugehörige I-U-Abhängigkeit wird daher im Allgemeinen durch die FOWLER-NORDHEIM-Gleichung beschrieben. Diese Abhängigkeit wurde bei den gemessenen Kennlinien jedoch nicht gefunden. Zusätzlich muss hier die Bedingung erfüllt sein, dass die mittlere freie Weglänge der Elektronen größer ist als die Schichtdicke. Zur korrekten Beschreibung der Kennlinien bei geringen Spannungen musste jedoch das Gegenteil vorausgesetzt werden.

Die Möglichkeit eines Avalanche-Durchbruchs in Ferroelektrika wiederum wurde in der Literatur sehr kontrovers diskutiert. Bei diesem Prozess kommt es zur Stossionisation in der Verarmungszone durch Elektronen, die durch Feldemission in den Isolator injiziert wurden. Die mittlere freie Weglänge muss daher geringer sein als die Schichtdicke. Es kann jedoch gezeigt werden, dass bei diesem Prozess aufgrund der hohen Ladungsträgerkonzentration in typischen Ferroelektrika das Durchbruchfeld keine messbare Temperaturabhängigkeit zeigen sollte [173]. Bei den hier untersuchten STO-Schichten steigt jedoch das Durchbruchfeld E_B mit sinkender Temperatur an. Andere Prozesse des elektrischen Durchbruchs, die das Verhalten in Ferroelektrika besser beschreiben, ergeben meist eine Temperaturabhängigkeit von $E_B \propto T$ [173, 204]. Auch dies steht im Gegensatz zu den experimentellen Ergebnissen dieser Arbeit. Zudem werden hier nur Durchbruchfelder im Bereich $10\,\mathrm{MV/m}$ erreicht. Diese Werte sind etwa um zwei Größenordnungen kleiner als dies in anderen Ferroelektrika gemessen wurde [173]. Weiterhin sollte das Durchbruchfeld mit steigender Schichtdicke ebenfalls ansteigen. Im YBCO/STO/Au-System beobachtet man den Durchbruch jedoch immer bei etwa der gleichen Spannung. E_B sinkt also mit steigender Schichtdicke. Aufgrund dieser Argumente kann ein elektrischer Durchbruch ausgeschlossen werden. Vielmehr deutet gerade letztere Beobachtung auf einen grenzflächen-limitierten Ladungsträgertransportprozess hin.

Damit liegt es nahe, das Durchbruchverhalten auf die gleiche Weise zu diskutieren, wie dies bereits für den positiven Teil der Kennlinie geschehen ist. Der starke Anstieg der Stromdichte ist demnach mit der Absenkung der zweiten Barriere (also der Verringerung der Differenz zwischen der Barrierenhöhe an der Grenzfläche zur Elektrode und dem Minimum der Leitungsbandunterkante) mit steigender Spannung verbunden. Grundsätzlich sollte die Kennlinie ab einer bestimmten Spannung wieder in die $\ln j \propto \sqrt{E}$-Abhängigkeit der thermionischen Emission übergehen. Für negative Spannungen begrenzt jedoch die Barriere an der Grenzfläche STO/Au den Strom, für die die Barrierenhöhe zu $\varphi_0 = 0{,}5\,\mathrm{eV}$ berechnet wurde. Die mit dieser Barriere verbundene Stromdichte ist bei $2\,\mathrm{V}$ etwa um Faktor 10 höher als das gewählte Limit zum Schutz des Kontaktes. Damit konnte der Übergang in diesem Experiment nicht gemessen werden.

Mit sinkender Temperatur verändert sich die Kennlinienform deutlich. Gleichzeitig

5.1. Ladungsträgertransport für STO-Schichtdicken $d_{STO} > 30$ nm

steigt die Stromdichte bei konstanter Spannung an (siehe Abb. 5.7b). Unterhalb von etwa 150 K können die Kennlinien wieder gut mittels VRH beschrieben werden (siehe Abb. 5.7d). Die Lokalisierungslänge beträgt hier $\alpha^{-1} = (7{,}0 \pm 0{,}2)$ Å. Dieser Wert ist entsprecht jenem, der schon für das System YBCO/STO/YBCO gefunden wurde. Die Zustandsdichte der lokalisierten Zustände ist jedoch mit $\mathcal{N}_{LS} = (9{,}0 \pm 0{,}2) \cdot 10^{18}$ (eVcm)$^{-1}$ etwas höher. Auch hier zeigt sich die bereits diskutierten Abweichung bei größeren Spannungen.

5.1.6. Zusammenfassung

Es konnte für das System YBCO/STO/Metall gezeigt werden, dass der Ladungsträgertransport in einem weiten Temperatur- und Spannungsbereich durch Tunnelprozesse dominiert ist. Erst bei höheren Temperaturen trägt auch die thermionische Emission signifikant zum Transport bei. Damit bestätigt sich die Annahme, dass im Wesentlichen die Barriere an der Grenzfläche zu der jeweiligen Elektrode den Elektronenstrom limitiert. Es hat sich jedoch auch gezeigt, dass die Ladungsträger nach der Injektion in die STO-Schicht ihre Energie nicht beibehalten, sondern durch Streuung an Defekten oder Phononen schnell abgeben. Der weitere Transport ist damit durch die Mobilität der Ladungsträger im STO begrenzt.

Zur Beschreibung der gemessenen Kennlinien wurde erfolgreich das in dieser Arbeit entwickelte Barrierenmodell verwendet. Aufgrund von Oberflächenladungen und mechanischen Spannungen in der STO-Schicht ergibt sich eine Barrierenform, die im Wesentlichen durch die Gegeneinanderschaltung zweier Dreiecksbarrieren gekennzeichnet ist. Dies wird besonders im asymmetrischen System YBCO/STO/Au deutlich und unterschieded sich grundsätzlich von dem resultierenden Ladungsträgertransportverhalten von einer Trapezbarriere. Das Modell lässt zwar noch Fragen offen. So konnte das ungewöhnliche Temperaturverhalten der Stromdichte im YBCO/STO/Au-System nicht abschließend erklärt werden. Auch ist offen, welche Auswirkungen mögliche Raumladungen aufgrund der in diesem Modell prognostizierten Absenkung der Leitungsbandunterkante unter das FERMI-Niveau hat. Es liefert jedoch im Rahmen der Fehlergrenzen die richtigen Barrierenhöhen, mit deren Hilfe die gemessenen Kennlinien theoretisch beschrieben werden konnten. Die Absenkung der Leitungsbandunterkante in der STO-Schicht erlaubt außerdem hinreichend geringe effektive Barrierendicken, um bereits bei kleinen Spannungen einen signifikanten Tunnelstrom zu ermöglichen. Darüber hinaus kann damit der starke Anstieg der Stromdichte in einem relativ kleinen Spannungsintervall im YBCO/STO/Au-System erklärt werden. Insgesamt wird damit deutlich, dass die mechanische Spannungen aufgrund einer Gitterfehlanpassung an das Elektrodenmaterial und deren Relaxationsverhalten indirekt Einfluss auf den Ladungsträgertransport durch den Isolator haben kann.

5.2. Ladungsträgertransport für $d_{STO} < 30$ nm

5.2.1. Hopping über Ketten lokalisierter Zustände

Im Folgenden soll demonstriert werden, dass im Bereich sehr dünner STO-Schichten bis $d_{STO} \approx 30$ nm die Ladungsträger im gesamten Temperaturbereich von Raumtemperatur bis 4,2 K inelastisch über Ketten lokalisierter Zustände tunneln. Zur Vereinfachung der Diskussion wird nun das Modell einer trapezförmigen Barriere unter Berücksichtigung der Barrierenabsenkung durch Oberflächenzuständen herangezogen. Der Einfluss der flexoelektrischen Polarisation auf die Barrierenform ist bei dünnen Schichten deutlich geringer, und kann in Form einer effektiven Barriere berücksichtig werden.

Die gemessenen Abhängigkeiten der Leitfähigkeit[15] von der Spannung und der Temperatur sind in den Abb. 5.8 und 5.10 zusammengefasst. Die Auswertung der Daten erfolgte nach den Gln. (2.9)–(2.11). Dabei wurden die Beiträge aus direktem Tunneln σ_0^{dir} und resonantem Tunneln über einen Zustand σ_1^{res} zu der Konstanten $\sigma_{0,1} = \sigma_0^{\text{dir}} + \sigma_1^{\text{res}}$ zusammengefasst. Ebenso wurden alle Vorfaktoren, die die Spannungs- und Temperatur-Abhängigkeit der Leitfähigkeit bestimmen, über die Konstanten $c_n^{T,U}$ ausgedrückt[16]. Insgesamt ergibt sich damit der folgende Ausdruck, mit dem sich die Messdaten sehr gut beschreiben lassen:

$$\sigma_\Sigma(T) = \sigma_{0,1} + \sum_{n=2} c_n^T T^{(n^2+n-2)/(n+1)} , \qquad (5.26)$$

$$\sigma_\Sigma(U) = \sigma_{0,1} + \sum_{n=2} c_n^U U^{(n^2+n-2)/(n+1)} . \qquad (5.27)$$

Zunächst sollen die σ-U-Kennlinien näher beleuchtet werden. In den Abb. 5.8a und 5.8b sind typische Abhängigkeiten der Leitfähigkeit von der Spannung für eine 25 nm dicke STO-Schicht bei 4,2 K und bei Raumtemperatur abgebildet. Bei tiefen Temperaturen kann deren Verlauf in einem weiten Spannungsbereich durch das Hopping über zwei lokalisierte Zustände beschrieben werden. Erst bei Spannungen um 1 V müssen „längere"[17] Ketten berücksichtigt werden, wobei allerdings das Hopping über drei Zustände scheinbar eine untergeordnete Rolle spielt. Die Dominanz des Hoppings über zwei Zustände ist in Abb. 5.8a durch die gepunktete Linie angedeutet. Diese entsteht, wenn die Anteile längerer Ketten als $n = 2$ auf null gesetzt werden. Bei Raumtemperatur wird ein ähnliches Verhalten beobachtet. Um den Kennlinienverlauf gut wiedergeben zu können, müssen nun aber auch Ketten mit bis zu fünf Zuständen berücksichtigt werden. Auch hier spielt die Kette mit $n = 3$ eine untergeordnete Rolle.

Die Länge der Kette, die den Stromtransport dominiert, wird wesentlich durch die Schichtdickenabhängigkeit der Leitfähigkeit und der Wahrscheinlichkeit, dass ein Tun-

---
[15] Die Leitfähigkeit wurde durch numerische Differentiation aus den Kennlinien bestimmt.
[16] In den folgenden Abbildungen wurde aus Gründen der Übersichtlichkeit auf die Angabe der Einheiten für $\sigma_{0,1}$ und $c_n^{T,U}$ verzichtet. Aus diesem Grund sollen sie hier kurz zusammengefasst werden: $[\sigma_\Sigma] = (\Omega cm)^{-1}$, $[\sigma_{0,1}] = (\Omega cm)^{-1}$, $[c_n^T] = 1/\Omega cm K^{(n^2+n-2)/(n+1)}$ und $[c_n^U] = 1/\Omega cm V^{(n^2+n-2)/(n+1)}$.
[17] Der Begriff „Länge" bezieht sich hier auf die Zahl der lokalisierte Zustände, die am Hopping-Transport beteiligt sind.

5.2. Ladungsträgertransport für STO-Schichtdicken $d_{STO} < 30$ nm

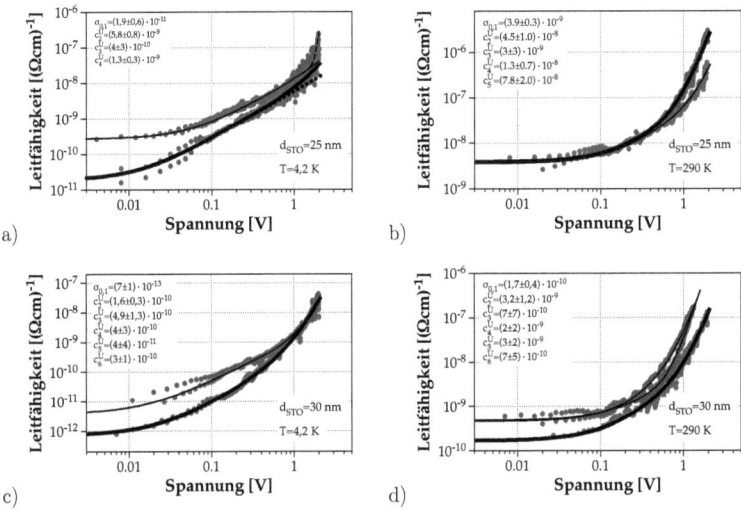

Abbildung 5.8.: Spannungsabhängigkeit der Leitfähigkeit gemessen an STO-Schichten mit $d_{STO} = 25$ nm und $d_{STO} = 30$ nm bei $T = 4,2$ K und Raumtemperatur. Blaue Punkte repräsentieren den Teil der Kennlinie bei positiven Spannungen, rote bei negativen Spannungen. Durchgezogene Linien sind Fits nach Gl. (5.27). Die verwendeten Parameter sind exemplarisch für den jeweils fett gekennzeichneten Kurvenverlauf aufgeführt. In a) ist die Kennlinie vom Hopping über zwei lokalisierte Zustände dominiert. Dies wird durch die gepunktete Linie verdeutlicht, für deren Berechnung die Parameter c_3^U und c_4^U null gesetzt wurden. Die gestrichelte Linie entspricht dem FOWLER-NORDHEIM Tunnel-Verhalten. b), c) und d) Bei höheren Temperaturen und Schichtdicken müssen auch längere Ketten für die Beschreibung der Kennlinien berücksichtigt werden.

nelprozess über n lokalisierte Zustände stattfindet, bestimmt. Erstere begünstigt Ketten aus möglichst vielen Zuständen, während letztere mit n deutlich abnimmt [46]. Mit steigender Spannung nimmt jedoch die Hopping-Wahrscheinlichkeit für längere Ketten schneller zu als für kürzere zu. Damit vergrößert sich schrittweise die Länge des dominierenden Kanals.

In Abb. 5.8a fällt insbesondere im negativen Teil der Kennlinie auf, dass bei Spannungen $|U| > 1,5$ V die Leitfähigkeit deutlich vom Hopping-Verhalten abweicht. Eine genaue Analyse zu dessen Ursache ist aufgrund der wenigen vorhandenen Daten nur schwer mög-

5. Ladungsträgertransport

lich. Geht man von einem Übergang zu einem anderem Transportprozess aus, kommen im Wesentlichen nur temperaturunabhängige Prozesse in Betracht, da die Abweichung bei hohen Temperaturen nicht mehr beobachtet wird. Dies trifft nur auf das direkte Tunneln oder resonantes Tunneln über einen lokalisierten Zustand zu. Aufgrund der hohen Spannung, bei der die Abweichung vom Hopping-Prozess auftritt, im Vergleich zu den in Abschnitt 5.1.3 berechneten Barrierenhöhen, sind die Näherungen zur Ableitung der FOWLER-NORDHEIM-Gleichung erfüllt ($eU > \varphi_0$). In Abb. 5.9 wurde daher versucht, ein solches Verhalten gemäß Gl. (2.7) an die gemessene Kurve anzupassen. Um einen guten Fit zu erhalten, musste die Stromdichte aufgrund der Hopping-Prozesse der Gleichung hinzugefügt werden, wie in Abb. 5.9 angegeben. Die Stromdichte j_{hop} berechnet sich dann aus $\sigma = \frac{dj}{dE}$ wie folgt:

$$\int_0^E dj_{\text{hop}} = \int_0^E \sigma_\Sigma(E) dE \tag{5.28}$$

$$j_{\text{hop}}(E) = \sigma_{0,1} E + \frac{3}{7} c'_2 E^{7/3} + \frac{2}{7} c'_3 E^{7/2} + \frac{5}{23} c'_4 E^{23/5} + \ldots, \tag{5.29}$$

wobei die Parameter c'_n durch:

$$c'_n = c_n^U \cdot d^{(n^2+n-2)/(n+1)} \tag{5.30}$$

gegeben sind. Mithilfe der Gln. (5.29) und (5.30) und der in Abb. 5.8a angegebenen Fitparameter kann der Verlauf der Stromdichte bis zum Übergang zum FOWLER-NORDHEIM-Verhalten (angedeutet durch einen Pfeil in Abb. 5.9) sehr gut wiedergegeben werden.

Der Kurvenverlauf oberhalb der Übergangsspannung wurde mit Gl. (2.7) angepasst. Für den Fall, dass $\kappa = \nu = 1$ gesetzt wird, entspricht diese Gleichung der elementaren FOWLER-NORDHEIM-Gleichung. Diese gilt jedoch streng genommen nur für rechteckige Barrieren. Berücksichtigt man zusätzlich die Absenkung der Barriere durch Spiegelladungseffekte bei hohen Spannungen, so kann der Parameter ν in Abhängigkeit vom äußeren elektrischen Feld deutlich von Eins abweichen. FORBES und DEANE [205] geben hierfür einen vereinfachten funktionalen Zusammenhang für $\nu(f_\varphi)$ an:

$$\nu(f_\varphi) \approx 1 - f_\varphi + \frac{1}{6} f_\varphi \ln f_\varphi, \tag{5.31}$$

der in dieser Arbeit verwendet wurde, um die Feldabhängigkeit der Stromdichte anzupassen. Dabei ist $f_\varphi = \frac{E}{E_\varphi}$ das reduzierte Feld über der Barriere und $E_\varphi = \frac{4\pi\varepsilon_\infty\varepsilon_0}{e^3}\bar\varphi^2$ das Feld, das nötig ist, um die Barriere auf Null abzusenken. Insgesamt berechnet sich f_φ dann zu:

$$f_\varphi = \frac{e^3}{4\pi\varepsilon_\infty\varepsilon_0} \frac{E}{\bar\varphi^2}. \tag{5.32}$$

κ hingegen variiert nur wenig mit der Spannung und nimmt immer Werte um $\kappa = 1$ ein [205].

5.2. Ladungsträgertransport für STO-Schichtdicken $d_{STO} < 30\,\text{nm}$

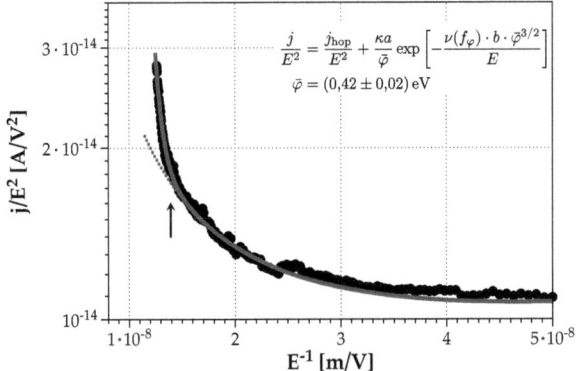

Abbildung 5.9.: Darstellung der Stromdichte in Abhängigkeit von E^{-1} der σ-U-Kennlinie aus Abb. 5.8a bei hohen Spannungen. Die Kennlinie wurde entsprechend der FOWLER-NORDHEIM-Formel (Gl. (2.7)) modelliert, wobei der zuvor bestimmte Anteil durch inelastisches Hopping (für Spannungen oberhalb des Übergangs zum FNT angedeutet durch gepunktete Linie) mit berücksichtigt wurde. Der Pfeil gibt die Feldstärke an, ab der FNT dominiert.

Die Anpassung an die gemessenen Daten ergibt eine Barrierenhöhe von $\bar{\varphi} = (0{,}42 \pm 0{,}02)\,\text{eV}$. Dieses Ergebnis ist kleiner als der theoretisch erwartete Wert einer trapezförmigen Barriere im System YBCO/STO/Au[18] von $\bar{\varphi} = \varphi_{0,\text{Au}} + (\varphi_{0,\text{YBCO}} - \varphi_{0,\text{Au}})/2 = 0{,}65\,\text{eV}$. Diese Abweichung kann damit erklärt werden, dass die errechneten Barrierenhöhen an den Grenzflächen zu den Elektroden aus Abschnitt 5.1.3 zu hoch sind. Diese Annahme liegt nahe, da die Auswertung der Kennlinien der STO-Schichten mit $d_{STO} > 30\,\text{nm}$ entsprechend der thermionischen Emission bereits geringere Barrierenhöhen ergeben haben. Andererseits wird die reale Barriere, die den Tunnelstrom bestimmt, auf zwei Parameter, nämlich Barrierendicke und -höhe, reduziert. Auch damit kann es zu Abweichungen der experimentell bestimmten Werte von den theoretisch erwarteten kommen, da Besonderheiten der realen Barriere vernachlässigt werden.

An dieser Stelle muss noch erwähnt werden, dass sich bei Raumtemperatur zumeist eine deutlich asymmetrische Kennlinienform zeigt. Dabei kann insbesondere bei negativen Spannungen ein Fit nach Gl. (2.10) nur unter sehr ungewöhnlichen Annahmen erreicht werden (sehr starke Dominanz von langen Ketten). Dieses Verhalten kann zum

---
[18]Diese Berechnung basiert auf den Ergebnissen aus Abschnitt 5.1.3. Hier wurde für die Barrierenhöhe an der Grenzfläche YBCO/STO $\varphi_0 = 0{,}8\,\text{eV}$ und an der Grenzfläche Au/STO $\varphi_0 = 0{,}5\,\text{eV}$ gefunden.

5. Ladungsträgertransport

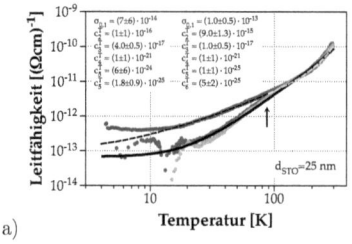
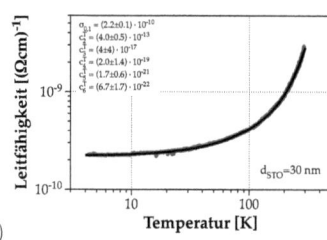

a) b)

Abbildung 5.10.: Temperaturabhängigkeit der Leitfähigkeit für Proben mit einer STO-Schichtdicke von a) 25 nm und b) 30 nm. a) Die Kurven wurden zweimal bei einer Spannung von 50 mV (●,●) und einmal bei 100 mV aufgenommen (●) und der Verlauf mit Hilfe der Gl. (2.9) angepasst. Der linke Parametersatz steht für die durchgezogene Linie, der rechte für die gestrichelte. Der Pfeil markiert einen Wechsel im Anstieg, der nur für 50 mV beobachtet wurde. b) Kurvenverlauf bei 50 mV. Die durchgezogene Linie beschreibt wieder die Anpassung nach Gl. (2.9).

einen mit der Asymmetrie der Barriere aufgrund unterschiedlicher Elektroden oder einer flexoelektrischen Polarisation erklärt werden, die sich auf den Tunnelstrom auswirkt [39, 206–209]. Da der Effekt bei hohen Temperaturen jedoch am stärksten ist, erscheinen andere Prozesse wahrscheinlicher. So kann eine zusätzliche inelastische Streuung an Zuständen in der Barriere zu einer Asymmetrie der Kennlinien führen [210, 211]. Darüber hinaus darf nicht vernachlässigt werden, dass weitere Transportprozesse zur Gesamtleitfähigkeit beitragen können. Wie in Abschnitt 5.1.3 gezeigt wurde, ist die Barriere an der Grenzfläche Au/STO so gering, dass eine thermische Anregung von Ladungsträgern über die Barriere hinweg möglich ist. Eine genauere Analyse ist mithilfe der gemessenen Kennlinien jedoch nicht möglich.

Dass die Leitfähigkeit der STO-Schichten mit $d_{STO} \leq 30$ nm hauptsächlich von Hopping-Prozessen dominiert ist, zeigt sich auch in deren Temperaturabhängigkeit. Hierzu wurde eine konstante Spannung an die Probe angelegt und der Strom bei unterschiedlichen Temperaturen gemessen. Die Spannung musste für diese Messung möglichst klein gewählt werden, sodass der Bedingung $eU \ll k_B T$ für die Gültigkeit von Gl. (2.9) möglichst gut entsprochen werden konnte. Da die meisten Proben jedoch sehr hohe Widerstände aufwiesen, konnten bei derart kleinen Spannungen im vorhandenen Messsystem die auftretenden Ströme nicht zuverlässig gemessen werden. Die meisten Messungen erfolgten daher bei $U = 50$ mV.

Typische σ-T-Abhängigkeiten sind in Abb. 5.10 dargestellt. Grundsätzlich zeigt sich das erwartete Verhalten. Bei tiefen Temperaturen kann die Leitfähigkeit bereits durch das Hopping über kurze Ketten ($n = 2\ldots3$) beschrieben werden. Mit steigender Tempe-

5.2. Ladungsträgertransport für STO-Schichtdicken $d_{STO} < 30\,\text{nm}$

ratur müssen immer längere Ketten berücksichtigt werden. Dies gilt auch beim Übergang zu größeren Schichtdicken. Ähnlich wie bei der Spannungsabhängigkeit der Leitfähigkeit wird auch hier die optimale Zahl der beteiligten lokalisierten Zustände aus dem Verhältnis der Schichtdicke und der Hopping-Wahrscheinlichkeit bestimmt.

Allerdings fällt hier insbesondere bei tiefen Temperaturen ein anormales Verhalten auf. Im Falle der 25 nm dicken STO-Schicht erkennt man für $U = 50\,\text{mV}$ reproduzierbare Strukturen (starke Schwankungen in der Leitfähigkeit um etwa eine Größenordnung). Im weiteren Temperaturverlauf scheint die Leitfähigkeit hauptsächlich vom Hopping über drei lokalisierte Zustände dominiert zu sein. Diese Ketten spielen jedoch für die Spannungsabhängigkeit eine eher untergeordnete Rolle. Man erkennt aber, dass der Anstieg ab etwa $T = 90\,\text{K}$ geringer wird und sich dem Verlauf der mit $U = 100\,\text{mV}$ aufgenommenen σ-T-Abhängigkeit angleicht. Die Leitfähigkeit hierfür ist im Wesentlichen vom Hopping über zwei lokalisierte Zustände dominiert, wobei der Verlauf für Temperaturen zwischen 4,2 K und 10 K nicht über Hopping-Prozesse beschrieben werden kann. Es zeigt sich also, dass bei tiefen Temperaturen und bei kleinen Spannungen ein anderer Ladungsträgertransportprozess die Leitfähigkeit bestimmt, welcher im folgenden Abschnitt genauer betrachtet wird.

5.2.2. Coulomb-Blockaden

Die bisherigen Ergebnisse an sehr dünnen STO-Schichten decken sich sehr gut mit denen von MORAN et al. [165, 166] und zeigen, dass die Leitfähigkeit hauptsächlich durch Tunnelprozesse bestimmt ist. Allerdings muss man auf einige Anomalien im Bereich geringer Spannungen hinweisen. Hier zeigen sich deutlich Abweichungen von den Vorhersagen der Hopping-Theorie sowohl in der Temperatur-, als auch in der Spannungs-Abhängigkeit der Leitfähigkeit. Exemplarisch sei hier die Temperaturabhängigkeit der Leitfähigkeit einer Probe mit $d_{STO} = 30\,\text{nm}$ angeführt, die bei einer Spannung von 10 mV gemessen wurde (siehe Abb. 5.11). Zum Vergleich ist zusätzlich noch einmal der Verlauf bei 50 mV abgebildet. Die Leitfähigkeit ist insgesamt deutlich geringer und steigt bis etwa 100 K proportional zu $T^{3/4}$ an. Bei höheren Temperaturen kann der Anstieg wieder mit dem Tunneln über lokalisierte Zustände beschrieben werden, wobei Ketten mit $n = 5$ und $n = 6$ dominieren.

Für niedrige Temperaturen ($T \leq 20\,\text{K}$) wurde dieser Effekt genauer untersucht. Dazu wurden temperaturabhängig I-U- und σ-U-Kennlinien aufgenommen. Diese sind in Abb. 5.12 dargestellt. Für sehr kleine Spannungen zeigt sich eine Blockade, die durch nahezu äquidistante Peaks in der Leitfähigkeit unterbrochen wird. Die Breite der Peaks nimmt dabei mit sinkender Temperatur ab. Deren Position kann sich jedoch von Messung zu Messung verschieben. Diese Beobachtungen sprechen sehr für das Auftreten von COULOMB-Blockaden. Die Kennlinien lassen sich dann als COULOMB-Treppen beschreiben, die im Falle stark unterschiedlicher Zeitkonstanten zweier beteiligter Tunnelkontakte auftreten. Insbesondere kann angenommen werden, dass sich die Widerstände der Tunnelkontakte stark unterscheiden (o.B.d.A $R_2 \gg R_1$). Für diesen Fall kann man in Abhängigkeit vom Verhältnis der zugehörigen Kapazitäten C_2/C_1 und der Ladung auf

5. Ladungsträgertransport

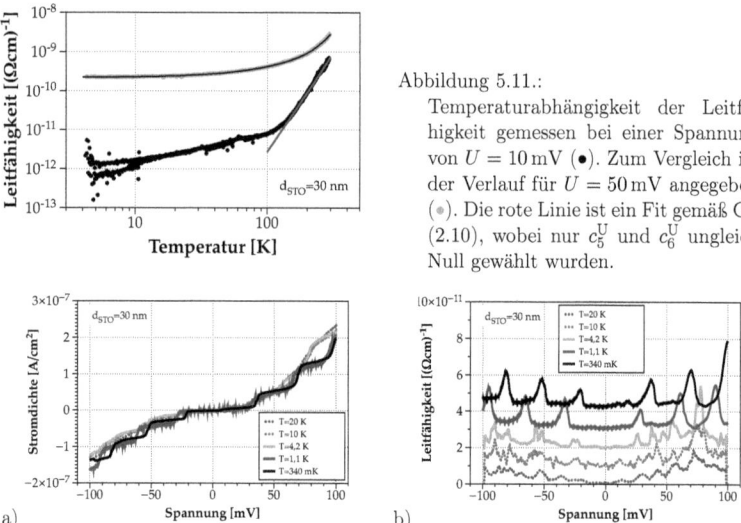

Abbildung 5.11.:
Temperaturabhängigkeit der Leitfähigkeit gemessen bei einer Spannung von $U = 10\,\text{mV}$ (•). Zum Vergleich ist der Verlauf für $U = 50\,\text{mV}$ angegeben (◦). Die rote Linie ist ein Fit gemäß Gl. (2.10), wobei nur c_5^U und c_6^U ungleich Null gewählt wurden.

Abbildung 5.12.: a) I-U-Kennlinien und b) σ-U-Kennlinien im Bereich $U = \pm 100\,\text{mV}$ für Temperaturen $T \leq 20\,\text{K}$.

dem Kontakt q_0 vier verschiede Kennlinien-Typen unterscheiden. Diese sind in Abb. 5.13 zusammengefasst. Für den Spannungsbereich außerhalb der COULOMB-Blockade kann in diesem Modell eine einfache Gleichung für den Verlauf der I-U-Kennlinien angegeben werden [212]:

$$I(U) = \frac{1}{R_2 C_\Sigma}\left[-(n_0 e - q_0) + C_1 U - \frac{e}{2}\text{sign}(U)\right], \quad (5.33)$$

wobei $e^{-1}(-C_2 U + q_0 - e/2) \leq n_0 \leq e^{-1}(-C_2 U + q_0 + e/2)$ gilt und $C_\Sigma = C_1 + C_2$. Wie später gezeigt wird, können damit einige Grundzüge der I-U-Kennlinien schon gut wiedergegeben werden.

Auch wenn die vorgeschlagene Interpretation nahe liegt, muss geklärt werden, ob die Voraussetzungen für das Auftreten von COULOMB-Blockaden für dünne STO-Schichten gegeben sind. Im Folgenden sind diese kurz aufgeführt und werden im Anschluss diskutiert:

a. Die STO-Schicht muss leitfähige Inseln enthalten, die durch Tunnelprozesse von den Elektroden erreichbar sind.

5.2. Ladungsträgertransport für STO-Schichtdicken $d_{STO} < 30$ nm

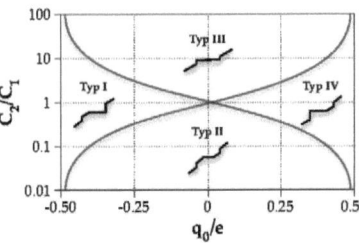

Abbildung 5.13.:
Vier qualitativ unterschiedliche Kennlinien-Typen eines Einzel-Elektronen-Kontaktes in Abhängigkeit von q_0 und C_2/C_1 für den Fall $R_2/R_1 \gg 1$ (nach Ref. [212]).

b. Für den Tunnelwiderstand der einzelnen Kontakte muss gelten: $R \gg R_K = \frac{h}{e^2} \approx 25813\,\Omega$, wobei R_K die VON KLITZING-Konstante ist.

c. Für die Kapazität der einzelnen Tunnelkontakte muss gelten: $k_B T \ll \mathcal{E}_C = \frac{e^2}{2C}$, wobei $\mathcal{E}_C$ die COULOMB-Energie ist, sonst kann ein Elektron thermisch unterstützt auf das nächst höhere Niveau tunneln. Daraus ergibt sich direkt die Spannung, ab der das Tunneln eines Elektrons erlaubt ist: $U_S = \frac{e}{2C}$.

a) Leitfähige Inseln in STO-Schichten können durch Formierungsprozesse (hervorgerufen z.B. durch das Anlegen einer Spannung) an Versetzungen oder Korngrenzen entstehen. Das Auftreten einer lokalen Leitfähigkeit in STO wurde von SZOT et al. [213, 214] ausführlich untersucht. Auf diese Weise lässt sich auch der resistive Schalteffekt, der insbesondere für Speicheranwendungen interessant ist, erklären. Grundlage hierfür ist die Beobachtung, dass selbst in STO-Einkristallen eine sehr hohe Versetzungsdichte von $(4 \pm 1) \cdot 10^9\,\text{cm}^{-2}$ vorliegt [213, 215]. In dünnen Schichten ist diese noch deutlich höher zu erwarten. Der Kern der Versetzungen ist dabei bereits sauerstoffdefizitär [216] und zeigt darüber hinaus eine sehr hohe Beweglichkeit der Sauerstoffionen. Versetzungen agieren daher als leichte Diffusionspfade, die eine schnelle Reduktion – und damit einen Isolator-Metall-Übergang – ermöglichen [215, 217–219]. An einigen in dieser Arbeit vermessenen Proben wurde ein resistives Schalten im gesamten Temperaturbereich $T = (4,2\ldots 290)\,\text{K}$ beobachtet, wobei die für den Schaltprozess notwendige Spannung deutlich mit sinkender Temperatur zunimmt (siehe Abb. 5.14b).

Die deutlichsten COULOMB-Blockaden wurden an Proben gemessen, die bei hohen Spannungen durch ein häufiges Durchfahren von Spannungsrampen bereits eine vergleichsweise hohe Leitfähigkeit zeigten. Stellt man sich also die STO-Schicht als Netzwerk von Versetzungen in einer ansonsten nichtleitenden Matrix vor, so können selbst bei Temperaturen um 4,2 K metallisch leitfähige Kanäle oder Inseln durch lokale Reduktion aufgrund einer angelegten Spannung entstehen. Die bei dieser Spannungsformierung ablaufenden Prozesse sind in Abb. 5.14a schematisch verdeutlicht. Die Veränderungen der Kennlinien der COULOMB-Blockade während der Messung lassen sich also damit erklären, dass auch bei sehr tiefen Temperaturen noch leichte Veränderungen der Struktur des Kontaktes möglich sind.

5. Ladungsträgertransport

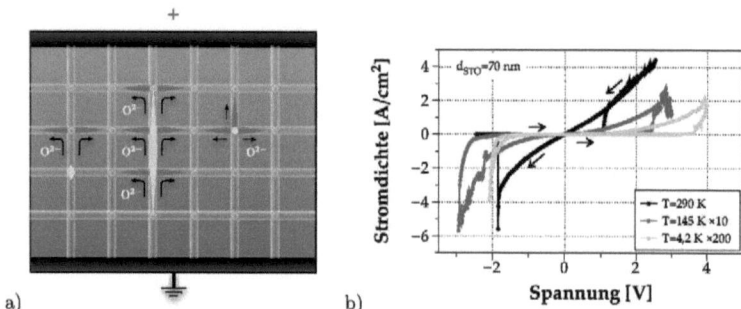

Abbildung 5.14.: a) Prinzip der Entstehung leitfähiger Bereiche am Versetzungsnetzwerk in dünnen STO-Schichten (in Anlehnung an Ref. [213]). Getrieben von einer äußeren Spannung können aus bereits leicht sauerstoffdefizitären Versetzungen O^{2-}-Ionen in benachbarte Versetzungen diffundieren. Dieser Bereich wird durch entsprechende Bildung von Sauerstoffvakanzen bis zu einem Isolator-Metall-Übergang n-dotiert (helle Bereiche). b) I-U-Kennlinien, die bei verschiedenen Temperaturen resistives Schaltverhalten zeigen. Um die Kennlinien für tiefe Temperaturen in ein Diagramm darstellen zu können, wurden die gemessene Stromdichte bei $T = 145\,\text{K}$ mit 10 multipliziert und bei $T = 4,2\,\text{K}$ mit 200.

b) Der Widerstand eines Tunnelkontaktes kann mithilfe von Gl. (2.6) abgeschätzt werden. Für kleine Spannungen geht diese in [40]:

$$j = \frac{e^2}{dh^2}\sqrt{2m\bar{\varphi}}U \exp\left(-\frac{4\pi d}{h}\sqrt{2m\bar{\varphi}}\right) \tag{5.34}$$

über. Damit kann nun die Leitfähigkeit $\sigma = \frac{dj}{dE}$ mit $E = U/d$ berechnet werden:

$$\sigma = \frac{e^2}{h^2}\sqrt{2m\bar{\varphi}} \exp\left(-\frac{4\pi d}{h}\sqrt{2m\bar{\varphi}}\right) \,. \tag{5.35}$$

Geht man von typischen Werten für die Barrierendicke $d \approx 2\,\text{nm}$, der Barrierenhöhe $\bar{\varphi} \approx 0,5\,\text{eV}$[19] und der Kontaktfläche $A = \pi \cdot 9\,\text{nm}^2$ [20] aus, so ergibt sich ein Widerstand des Tunnelkontaktes bei kleinen Spannungen von:

$$R = \sigma^{-1}\frac{d}{A} = 87,9\,\Omega\text{m}\,\frac{2 \cdot 10^{-9}\,\text{m}}{2,83 \cdot 10^{-17}\,\text{m}^2} \approx 6,2\,\text{G}\Omega \,. \tag{5.36}$$

---

[19]Dieser Wert entspricht der Barrierenhöhe, die in Abschnitt 5.2.1 für den FNT-Prozess bestimmt wurde.
[20]Dies ist eine obere Abschätzung der Ausdehnung des metallisch leitfähigen Bereiches basierend auf Ref. [213].

5.2. Ladungsträgertransport für STO-Schichtdicken $d_{STO} < 30\,\text{nm}$

Für diese Parameter wäre die Bedingung $R \gg R_K$ erfüllt. Dies gilt insbesondere, wenn man für die Elektronenmasse die effektive Masse von STO einsetzt, welche im Bereich $m^* \approx (2\ldots10) \cdot m$ liegen kann [198–200].

c) Die Kapazität eines Tunnelkontaktes wurde über die einfache Gleichung für einen Plattenkondensator mit kreisförmiger Kontaktfläche abgeschätzt. Wie aus dem Kapitel 5.1.2 entnommen werden kann, beträgt die Permittivität einer STO-Schicht mit $d_{STO} \leq 30\,\text{nm}$ bei Temperaturen $T < 4{,}2\,\text{K}$ etwa 100. Nimmt man für den Tunnelabstand und die Kontaktfläche die gleichen Werte wie für die Berechnung des Tunnelwiderstandes, dann ergibt sich für die Kapazität:

$$C = 100 \cdot \varepsilon_0 \frac{2{,}82 \cdot 10^{-17}\,\text{m}^2}{2 \cdot 10^{-9}\,\text{m}} \approx 1{,}25 \cdot 10^{-17}\,\text{F}\,. \tag{5.37}$$

Die COULOMB-Energie beträgt damit $\mathcal{E}_C \approx 6{,}4\,\text{meV} = k_B \times 74{,}3\,\text{K}$. Damit ist einsichtig, dass die COULOMB-Blockade in den untersuchten Schichten etwa bis 20 K beobachtet werden konnte. Durch Vergrößerung des Tunnelabstandes kann die Kapazität noch verringert werden, womit die Blockade auch bei höheren Temperaturen bestehen bleibt (siehe Abb. 5.11).

Um die Eigenschaften der COULOMB-Blockade genauer zu untersuchen, wurde versucht, durch eine geeignete Simulation die gemessenen Kennlinie möglichst gut wiederzugeben. Dazu wurde neben der Beschreibung über Gl. (5.33) das adaptive Simulationspaket SEMSIM [220] verwendet, das eine Analyse frei konfigurierbarer Netzwerke aus Einzel-Elektron-Tunnelkontakten ermöglicht. Dazu müssen Leitfähigkeit und Kapazität der Tunnelkontakte, sowie eine eventuell vorhandene Ladung auf der Insel angegeben werden. Das Paket verwendet einen Monte-Carlo-Algorithmus auf Basis der orthodoxen Theorie der COULOMB-Blockade [221]. Zu jeder Spannungs- und Ladungskonfiguration wird für alle möglichen Tunnelübergänge die Energieänderung $\Delta\mathcal{E}$ beim Tunneln eines Elektrons berechnet:

$$\Delta\mathcal{E} = \frac{q^2}{2C} - \frac{(q-e)^2}{2C} = e\left(U - \frac{e}{2C}\right), \tag{5.38}$$

wobei $q = C \cdot U$ die Ladung am Tunnelkontakt aufgrund dessen Kapazität C und der abfallenden Spannung U ist. Anschließend wird damit die Tunnelrate $\Gamma(\Delta\mathcal{E})$ bestimmt:

$$\Gamma(\Delta\mathcal{E}) = \frac{\Delta\mathcal{E}}{e^2 R\left(1 - \exp(-\Delta\mathcal{E}/k_B T)\right)}\,. \tag{5.39}$$

Es wird nun der Tunnelprozess ausgeführt, für den die Zeit $t = -\ln(r)/\Gamma(\Delta\mathcal{E})$, die mithilfe der Zufallszahl r bestimmt wird, minimal wird.

Da sich die metallischen Bereiche in der STO-Schicht an einem Netzwerk bilden – nämlich dem erwähnten Versetzungsnetzwerk –, werden sich auch die dabei entstehenden Tunnelkontakte untereinander vernetzen. Komplexe Netzwerke wurden in der Literatur behandelt. Auch hier können sich in bestimmten Grenzfällen COULOMB-Blockaden

5. Ladungsträgertransport

ausbilden [222]. Die in dieser Arbeit beobachteten Strukturen zeigen jedoch eher das Verhalten von einzelnen Doppelkontaktsystemen oder einfacher Netzwerke. Zur Anpassung an die gemessenen Kennlinien wurde daher ein einfaches Netzwerk angenommen und die Parameter der Tunnelkontakte so variiert, dass der prinzipielle Verlauf so gut wie möglich wiedergegeben wird. Die Ergebnisse für drei Proben sind zusammen mit dem Schaltbild des verwendeten Netzwerks in Abb. 5.15 angegeben.

Mithilfe der beiden gewählten Modelle (einzelne Insel mit zwei Tunnelkontakten und zwei Inseln mit vier Tunnelkontakten) lässt sich die wesentliche Charakteristik bereits gut beschreiben. Dennoch bestehen in einzelnen Teilen der Kennlinie noch größere Abweichungen, die nur mit dem Vorhandensein eines noch komplexeren Netzwerks erklärt werden kann. Da aber mit der Komplexität des Modellnetzwerks auch die Anzahl freier Parameter schnell anwächst, ist eine Auswertung mit SEMSIM mit vertretbarem Aufwand nicht mehr möglich.

Bei der Analyse der Kennlinien fällt auf, dass die Kapazitäten der Tunnelkontakte im Vergleich zu der oben vorgeführten ersten Abschätzung deutlich kleiner sind. Kapazitäten im Bereich 10^{-18} F bis 10^{-19} F können nur erreicht werden, wenn die Größe der Insel im Bereich der Gitterkonstante liegt und der Tunnelabstand etwa 5 nm beträgt. In diesem Fall würde man allerdings einen deutlich größeren Tunnelwiderstand erwarten. Erlaubt man jedoch auch hier das Tunneln über lokalisierte Zustände, kann diese Diskrepanz aufgehoben werden. Allerdings können inelastische Prozesse zu einer zusätzlichen Verbreiterung der Leitfähigkeitspeaks bei hohen Temperaturen führen.

Abschließend soll die Ursache der Ladung q_0 diskutiert werden, die auf den einzelnen Inseln vorhanden sein muss, um insbesondere die Asymmetrien in den Kennlinien zu erklären. In einem *Single Electron Transistor* kann diese Ladung über ein Gate zwischen den Werten $\pm e/2$ verschoben werden. Dies geschieht, in dem eine entsprechende Spannung über einer Gatekapazität angelegt wird: $q_0 = C_{\text{Gate}} U_{\text{Gate}}$. Auf diese Weise wird die Breite der COULOMB-Blockade moduliert und damit die Leitfähigkeit von Null auf einen endlichen Wert variiert. In den vorhandenen Strukturen ist jedoch kein Gate vorgesehen und kann auch nicht nachträglich strukturiert werden, da das elektrische Feld dieses Gates durch die Elektroden weitestgehend abgeschirmt wird. Die Ladung muss demnach durch einen anderen Prozess auf die Insel gelangen. Betrachtet man wieder einen Kontakt bestehend aus einer Insel mit zwei Tunnelkontakten, so kann diese Ladung auch durch einen Unterschied in den Austrittsarbeiten der verschiedenen Metalle entstehen, die den Kontakt bilden. Die Gesamtladung q_0 auf der Insel berechnet sich dann zu [212]:

$$q_0 = e^{-1} \left[C_1 \cdot \Delta \psi_1 - C_2 \cdot \Delta \psi_2 \right] . \tag{5.40}$$

Verwendet man die Ergebnisse des Fits nach Gl. (5.33) und nimmt für die Austrittsarbeit von YBCO $\psi_{\text{YBCO}} = 6{,}6\,\text{eV}$ und von Gold $\psi_{\text{Au}} = 5{,}1\,\text{eV}$ an, so liegt die Austrittsarbeit der metallischen STO-Insel im Bereich $\psi_{\text{STO}} = (5{,}5 \ldots 6{,}4)\,\text{eV}$.

Die häufig beobachteten Verschiebungen der Kennlinien zwischen einzelnen Messungen, die auch mit einer leichten Veränderung der COULOMB-Blockade einhergingen, lassen sich nun einfach durch eine geringe Veränderung der Ausdehnung der metallischen

5.2. Ladungsträgertransport für STO-Schichtdicken $d_{STO} < 30$ nm

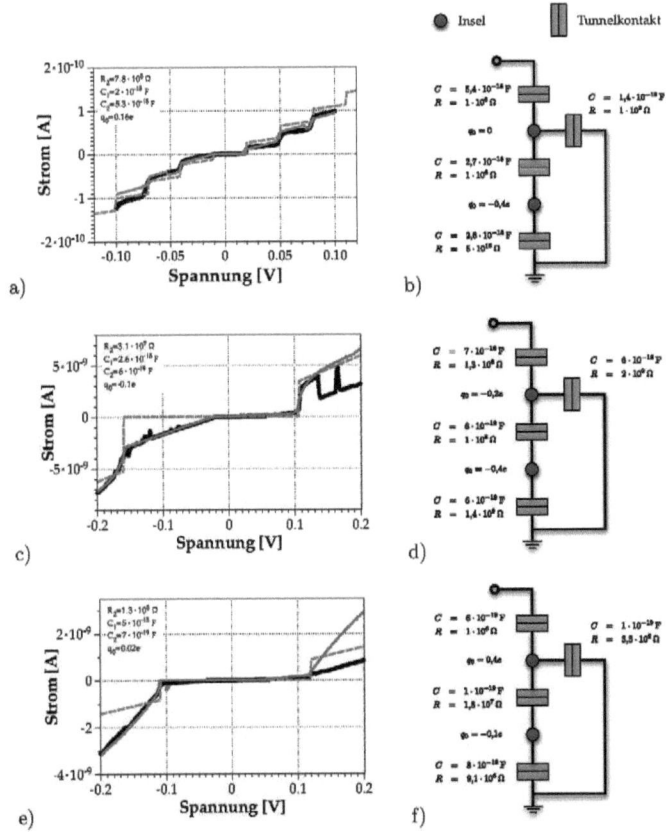

Abbildung 5.15.: Gemessene I-U-Kennlinien dreier Proben mit einer STO-Schichtdicke $d_{STO} = 30$ nm. Der Verlauf wurde einerseits nach Gl. (5.33) (einzelne Insel mit zwei Tunnelkontakten) angepasst (gestrichelte Linie). Die verwendeten Parameter sind im Diagramm angegeben. Auf der anderen Seite wurde die Kennlinie auf Basis eines einfachen Netzwerkes aus zwei Inseln und vier Tunnelkontakte simuliert (durchgezogene Linie). Die verwendete Schaltung und zugehörige Parameter sind rechts neben der jeweiligen Kennlinie angegeben.

5. Ladungsträgertransport

Insel erklären. Wie bereits erwähnt, können während des Messprozesses auch bei tiefen Temperaturen Sauerstoffionen durch die angelegte Spannung bewegt werden. Durch Veränderung der Ausdehnung der Inseln verändert sich auch die Kapazität der Tunnelkontakte und damit die Ladung auf der Insel sowie die Breite der COULOMB-Blockade. Sämtliche erhaltene Kennlinien lassen sich mit der Strom-Spannungs-Beziehung für das einfache Doppelkontaktsystem beschreiben, ohne die Differenz der Austrittsarbeiten zu ändern.

6. Zusammenfassung

In dieser Arbeit wurden dünne STO-Schichten für eine anschließende elektrische Charakterisierung epitaktisch auf YBCO abgeschieden. Dazu wurden zunächst optimale Abscheidebedingungen sowohl für das YBCO als auch für das STO gesucht. Im Ergebnis dieses Optimierungsprozesses konnten YBCO-Schichten mit einer Rauheit von weniger als 2 nm (RMS), guter *out-of-plane*-Orientierung mit einer Halbwertsbreite in der Rocking-Kurve im Bereich (0,2...0,3)° bei nur leicht verringerter kritischer Temperatur erreicht werden. Diese Schichten bieten damit die erforderlichen Eigenschaften, die zur Realisierung der Teststrukturen für die elektrischen Untersuchungen am STO notwendig sind.

Die STO-Schichten zeigen ebenfalls sehr gute kristallographische Eigenschaften. Es wird bei optimalen Parametern eine Relaxation des Gitters über eine typische Länge von etwa 190 nm beobachtet. Mit dieser Relaxation einher geht eine Verbesserung der *out-of-plane*-Orientierung beginnend mit $\Delta\omega \approx 0{,}3°$ bei Schichtdicken um 50 nm bis zu $\Delta\omega < 0{,}2°$ für $d_{STO} > 300$ nm. Für höhere Abscheidetemperaturen erfolgt die Relaxation über deutlich kürze Distanzen. Der damit verbundene sehr starke Einbau von Gitterdefekten führt oft zu einer schlechten Kristallorientierung und sogar zur Lochbildung in der Schicht.

Neben der Optimierung der Schichtabscheidung wurde eine neue Technologie entwickelt, die insbesondere die Kontaktierung der Teststrukturen vereinfachte. Im Mittelpunkt dieser Technologie stehen Goldnanopartikel, die sich aus einer dünnen Goldschicht während der Abscheidung der YBCO-Schicht bzw. des YBCO/STO/Metall-Schichtsystems bilden. Es konnte gezeigt werden, dass der Radius der Partikel wesentlich von der Dicke der ursprünglichen Goldschicht abhängt. Für die Bildung dieser Partikel liegt aufgrund der Löslichkeit des Goldes in der YBCO-Matrix ein Vergrößerungsprozess nahe. Die Nanopartikel sind einkristallin und zeigen bis zu einem mittleren Radius von 500 nm eine sehr gute *out-of-plane*-Orientierung mit $\Delta\omega \approx 0{,}4°$. Dieses Verhalten kann mit einer epitaktischen Beziehung zwischen der c-Achse des YBCO und den (110)- bzw. (111)-Netzebenen des Goldes erklärt werden. Gleichzeitig wird auch das Gitter der YBCO-Schicht beeinflusst, da sich Spannungen bevorzugt an den Goldpartikel abbauen können. Auf diese Weise konnten lokal deutlich verringerte Oberflächenrauheiten erreicht werden. Darüber hinaus ist eine Anwendung als Pinning-Zentren oder zur Beeinflussung von Korngrenzen-JOSEPHSON-Kontakten denkbar.

Der Ladungsträgertransport im STO ist weitestgehend durch grenzflächen-limitierte Prozesse dominiert. Mithilfe eines in dieser Arbeit neu entwickelten Barrierenmodells konnten dabei die gemessenen Abhängigkeiten $j(U,T)$ bzw. $\sigma(U,T)$ sehr weitreichend beschrieben werden. Dieses Modell berücksichtigt nicht nur die Absenkung der Barriere

6. Zusammenfassung

an der Grenzfläche durch Oberflächenzustände. Vielmehr wird eine deutliche Absenkung der Leitungsbandunterkante im Inneren der STO-Schicht durch Raumladungen aufgrund eines Polarisationsgradienten erreicht, der wiederum seine Ursache im flexoelektrischen Effekt in den epitaktisch verspannten STO-Schichten hat.

Bei größeren Schichtdicken und tiefen Temperaturen erfolgt der Ladungsträgertransport durch Hopping-Prozesse. So konnte im YBCO/STO/YBCO-System das Variable Range Hopping als dominierender Transportprozess identifiziert werden. Erst ab $U > 10\,\text{V}$ wird ein neues Verhalten beobachtet, das bezüglich seiner Temperaturabhängigkeit jedoch ebenfalls tunnelartig ist. Die STO-Schichten zeigen hier sehr hohe Widerstände, sodass Felder bis $10^7 \ldots 10^8\,\text{V/m}$ erreicht werden können, ohne dass signifikante Leckströme durch die Barriere fließen. Damit eignet sich dieses Schichtsystem sehr gut, um Feldeffekt-Bauelemente zu realisieren, zumal bei deren Einsatz bei der Temperatur von flüssigem Stickstoff auch die größten Permittivitäten erreicht werden. Bei höheren Temperaturen um 150 K kann die Barriere auch durch thermische Anregung überwunden werden. Bis hin zu Raumtemperatur dominiert die thermionische Emission das Transportverhalten der STO-Schicht.

Im System YBCO/STO/Au lässt sich prinzipiell der Stromtransport auf die gleiche Weise beschreiben wie im YBCO/STO/YBCO-System. Die spezielle Form und vor allem die Asymmetrie der Barriere wirkt sich hier jedoch sehr deutlich aus. Es konnte gezeigt werden, dass bei hohen Temperaturen je nach Stromrichtung eine zweite Barriere an der gegenüberliegenden Elektrode überwunden werden muss. Auf diese Weise lassen sich häufig beobachtete Durchbrucheffekte gut beschreiben. Dieses Durchbruchverhalten kann wiederum gut für eine effektive Quasi-Teilchen-Injektion und die Realisierung darauf basierender Bauelemente ausgenutzt werden.

Für STO-Schichtdicken im Bereich um 25 nm wurde im gesamten untersuchten Temperaturbereich inelastisches Tunneln über Ketten lokalisierter Zustände als dominierender Transportprozess identifiziert. Diese Beobachtung deckt sich mit früheren Veröffentlichungen. Es konnte jedoch erstmals gezeigt werden, dass sich bei sehr tiefen Temperaturen in den STO-Schichten COULOMB-Blockaden ausbilden können. Die dazu notwendigen leitfähigen Inseln in den ansonsten isolierenden Schichten können an ausgedehnten Defekten durch Spannungsformierung entstehen und bilden damit ein Netzwerk von Tunnelkontakten. Unter der Annahme eines einfachen Netzwerkes konnten die gemessenen Kennlinien bereits gut im Rahmen der orthodoxen Theorie der COULOMB-Blockade simuliert werden. Weiterführende Untersuchung an solchen Netzwerken können dazu genutzt werden, um neue Erkenntnisse zur Supraleitung im STO und in eingeschränktdimensionalen Systemen zu erlangen.

Literaturverzeichnis

[1] NEWMAN, N. ; LYONS, W. G.: High-temperature superconducting microwave devices – Fundamental issues in materials, physics, and engineering. In: *Journal of Superconductivity* 6 (1993), Nr. 3, S. 119–160

[2] GALLOP, J.: Microwave applications of high-temperature superconductors. In: *Superconductor Science & Technology* 10 (1997), Nr. 7A, S. A120–A141

[3] JOSEPHSON, B. D.: Possible new effects in superconductive tunnelling. In: *Physics Letters* 1 (1962), Nr. 7, S. 251–253

[4] JOSEPHSON, B. D.: Coupled superconductors. In: *Reviews of Modern Physics* 36 (1964), Nr. 1P1, S. 216–220

[5] JOSEPHSON, B. D.: Supercurrents through barriers. In: *Advances in Physics* 14 (1965), Nr. 56, S. 419–451

[6] CLARKE, J.: High-T_C SQUIDs. In: *Current Opinion in Solid State & Materials Science* 2 (1997), Nr. 1, S. 3–10

[7] KÖLLE, D. ; KLEINER, R. ; LUDWIG, F. ; DANTSKER, E. ; CLARKE, J.: High-transition-temperature superconducting quantum interference devices. In: *Reviews of Modern Physics* 71 (1999), Nr. 3, S. 631–686

[8] BRAKE, H. J. M. ; BUCHHOLZ, F. I. ; BURNELL, G. ; CLAESON, T. ; CRETE, D. ; FEBVRE, P. ; GERRITSMA, G. J. ; HILGENKAMP, H. ; HUMPHREYS, R. ; IVANOV, Z. ; JUTZI, W. ; KHABIPOV, M. I. ; MANNHART, J. ; MEYER, H. G. ; NIEMEYER, J. ; RAVEX, A. ; ROGALLA, H. ; RUSSO, M. ; SATCHELL, J. ; SIEGEL, M. ; TÖPFER, H. ; UHLMANN, F. H. ; VILLEGIER, J. C. ; WIKBORG, E. ; WINKLER, D. ; ZORIN, A. B.: SCENET roadmap for superconductor digital electronics. In: *Physica C* 439 (2006), Nr. 1, S. 1–41

[9] SCHULZE, H. ; BEHR, R. ; KOHLMANN, J. ; MÜLLER, F. ; NIEMEYER, J.: Design and fabrication of 10 VSINIS Josephson arrays for programmable voltage standards. In: *Superconductor Science & Technology* 13 (2000), Nr. 9, S. 1293–1295

[10] SCHUBERT, M. ; MAY, T. ; WENDE, G. ; FRITZSCH, L. ; MEYER, H. G.: Coplanar strips for Josephson voltage standard circuits. In: *Applied Physics Letters* 79 (2001), Nr. 7, S. 1009–1011

[11] KIELER, O. ; BEHR, R. ; MÜLLER, F. ; SCHULZE, H. ; KOHLMANN, J. ; NIEMEYER, J.: Improved 1 V programmable Josephson voltage standard using SINIS junctions. In: *Physica C* 372 (2002), S. 309–311

[12] BARONE, A ; PATERNO, G.: *Physics and Application of the Josephson Effect*. John Wiley & Sons Ltd, New York, 1982

[13] HILGENKAMP, H. ; MANNHART, J.: Grain boundaries in high-T_C superconductors. In: *Reviews of Modern Physics* 74 (2002), Nr. 2, S. 485–549

[14] MANNHART, J.: High-T_C transistors. In: *Superconductor Science & Technology* 9 (1996), Nr. 2, S. 49–67

[15] MANNHART, J. ; KLEINSASSER, A.: Electric-field effect in high-T_C superconductors, evaluation of field-induced superconductivity and device applications. In: SHAW, D. T. (Hrsg.) ; TSUEI, C. C. (Hrsg.) ; SCHNEIDER, T. R. (Hrsg.) ; SHIOHARA, Y. (Hrsg.): *Layered Superconductors: Fabrication, Properties and Applications* Bd. 275, Materials Research Soc, Pittsburgh, 1992, S. 549–557

[16] KLEINSASSER, A. W. ; JACKSON, T. N. ; MCINTURFF, D. ; RAMMO, F. ; PETTIT, G. D. ; WOODALL, J. M.: Superconducting InGaAs junction field-effect transistors with Nb electrodes. In: *Applied Physics Letters* 55 (1989), Nr. 18, S. 1909–1911

[17] AKAZAKI, T. ; TAKAYANAGI, H. ; NITTA, J. ; ENOKI, T.: A Josephson field effect transistor using an InAs-inserted-channel $In_{0.52}Al_{0.48}As/In_{0.53}Ga_{0.47}As$ inverted modulation-doped structure. In: *Applied Physics Letters* 68 (1996), Nr. 3, S. 418–420

[18] DOH, Y. J. ; DAM, J. A. ; ROEST, A. L. ; BAKKERS, E. P. A. M. ; KOUWENHOVEN, L. P. ; DE FRANCESCHI, S.: Tunable supercurrent through semiconductor nanowires. In: *Science* 309 (2005), Nr. 5732, S. 272–275

[19] CHEN, K. L. ; SOU, U. C. ; CHEN, J. C. ; YANG, H. C. ; JENG, J. T. ; KO, P. C. ; HORNG, H. E. ; WU, C. H. ; CHEN, J. H.: Tunable high transition temperature superconducting quantum interference device magnetometer with gate-voltage-controlled bicrystal junctions. In: *Applied Physics Letters* 95 (2009), Nr. 3, S. 033504

[20] TINKHAM: *Introduction to Superconductivity*. 2. Edition. McGraw-Hill, New York, 1996

[21] BARDEEN, J. ; COOPER, L. N. ; SCHRIEFFER, J. R.: Theory of superconductivity. In: *Physical Review* 108 (1957), Nr. 5, S. 1175–1204

[22] BLAMIRE, M. G. ; KIRK, E. C. G. ; EVETTS, J. E. ; KLAPWIJK, T. M.: Extreme critical-temperature enhancement of Al by tunneling in $Nb/AlO_x/Al/AlO_x/Nb$ tunnel-junctions. In: *Physical Review Letters* 66 (1991), Nr. 2, S. 220–223

[23] SCHNEIDER, C. W. ; MÖRMAN, R. ; FUCHS, D. ; SCHNEIDER, R. ; GERRITSMA, G. J. ; ROGALLA, H.: HTS quasiparticle injection devices with large current gain at 77 K. In: *IEEE Transactions on Applied Superconductivity* 9 (1999), Nr. 2, S. 3648–3651

[24] MORAN, O. ; HOTT, R. ; SCHNEIDER, R. ; WUHL, H. ; HALBRITTER, J.: Current amplification in high-temperature superconductor current injection three-terminal devices. In: *Journal of Applied Physics* 94 (2003), Nr. 10, S. 6667–6672

[25] KOVAL, Y. ; JIN, X. Y. ; BERGMANN, C. ; SIMSEK, Y. ; OZYUZER, L. ; MÜLLER, P. ; WANG, H. B. ; BEHR, G. ; BUCHNER, B.: Tuning superconductivity by carrier injection. In: *Applied Physics Letters* 96 (2010), Nr. 8, S. 082507

[26] ZHU, X. H. ; PENG, W. ; LI, J. ; CHEN, Y. F. ; TIAN, H. Y. ; XU, X. P. ; ZHENG, D. N.: Effect of $YBa_2Cu_3O_{7-\delta}$ film thickness on the dielectric properties of $Ba_{0.1}Sr_{0.9}TiO_3$ in $Ag/Ba_{0.1}Sr_{0.9}TiO_3/YBa_2Cu_3O_{7-\delta}/LaAlO_3$ multilayer structures. In: *Journal of Applied Physics* 97 (2005), Nr. 1, S. 014108

[27] CAO, L. X. ; KREMER, R. K. ; QIN, Y. L. ; BROTZ, J. ; LIU, J. S. ; ZEGENHAGEN, J.: Stress change in $YBa_2Cu_3O_{7-\delta}$ close to the superconducting transition. In: *Physical Review B* 66 (2002), Nr. 5, S. 054511

[28] ZHANG, H. J. ; ZHANG, X. P. ; SHI, J. P. ; ZHAO, Y. G.: Superconductivity induced changes of the characteristics of $YBa_2Cu_3O_{7-\delta}/Nb$ doped $SrTiO_3$ heterojunction. In: *Journal of Physics D: Applied Physics* 41 (2008), Nr. 13, S. 135110

[29] PAVLENKO, N. ; SCHWABL, F.: Electron-polarization coupling in superconductor-ferroelectric superlattices. In: *Applied Physics A – Materials Science & Processing* 80 (2005), Nr. 2, S. 217–227

[30] LÜBCKE, A. ; ZAMPONI, F. ; LÖTZSCH, R. ; KÄMPFER, T. ; USCHMANN, I. ; GROSSE, V. ; SCHMIDL, F. ; KÖTTIG, T. ; THÜRK, M. ; SCHWÖRER, H. ; FÖRSTER, E. ; SEIDEL, P. ; SAUERBREY, R.: Ultrafast structural changes in $SrTiO_3$ due to a superconducting phase transition in a $YBa_2Cu_3O_7$ top layer. In: *New Journal of Physics* 12 (2010), S. 083043

[31] MOTT, N. F. ; GURNEY, R. W.: *Electronic Processes in Ionic Crystals*. 2. Edition. Clarendon Press, Oxford, 1948

[32] MOTT, N. F. ; DAVIS, E. A.: *Electronic Processes in Non-Crystalline Materials*. 2. Edition. Oxford University Press, New York, 1979 (The international series of monographs on physics)

[33] ANDERSON, P. W.: Absence of diffusion in certain random lattices. In: *Physical Review* 109 (1958), Nr. 5, S. 1492–1505

[34] SIMMONS, J. G.: Conduction in thin dielectric films. In: *Journal of Physics D: Applied Physics* 4 (1971), Nr. 5, S. 613–657

[35] STRATTON, R.: Volt-current characteristics for tunneling through insulating films. In: *Journal of Physics and Chemistry of Solids* 23 (1962), S. 1177–1190

[36] WENTZEL, G.: Eine Verallgemeinerung der Quantenbedingungen für die Zwecke der Wellenmechanik. In: *Zeitschrift für Physik* 38 (1926), S. 518–529

[37] KRAMERS, H. A.: Wellenmechanik und halbzählige Quantisierung. In: *Zeitschrift für Physik* 39 (1926), S. 828–840

[38] BRILLOUIN, L.: La mécanique ondulatoire de Schrödinger: une méthode générale de resolution par approximations successives. In: *Comptes Rendus de l'Academie des Sciences* 183 (1926), S. 24–26

[39] SIMMONS, J. G.: Electric tunnel effect between dissimilar electrodes separated by a thin insulating film. In: *Journal of Applied Physics* 34 (1963), Nr. 9, S. 2581–2590

[40] SIMMONS, J. G.: Generalized formula for electric tunnel effect between similar electrodes separated by a thin insulating film. In: *Journal of Applied Physics* 34 (1963), Nr. 6, S. 1793–1803

[41] MURPHY, E. L. ; GOOD, R. H.: Thermionic emission, field emission, and the transition regions. In: *Physical Review* 102 (1956), Nr. 6, S. 1464–1473

[42] FORBES, R. G.: Physics of generalized Fowler-Nordheim-type equations. In: *Journal of Vacuum Science & Technology B* 26 (2008), Nr. 2, S. 788–793

[43] KNAUER, H. ; RICHTER, J. ; SEIDEL, P.: Direct calculation of resonance tunneling in metal-insulator-metal tunnel-junctions. In: *Physica Status Solidi A – Applied Research* 44 (1977), Nr. 1, S. 303–312

[44] SEIDEL, P.: *Theoretische Untersuchungen zum Strom-Spannungsverhalten realer Metall-Barriere-Metall-Tunnelstrukturen*, Friedrich-Schiller-Universität Jena, Dissertation, 1980

[45] HALBRITTER, J.: On resonant tunneling. In: *Surface Science* 122 (1982), Nr. 1, S. 80–98

[46] XU, Y. Z. ; EPHRON, D. ; BEASLEY, M. R.: Directed inelastic hopping of electrons through metal-insulator-metal tunnel-junctions. In: *Physical Review B* 52 (1995), Nr. 4, S. 2843–2859

[47] GLAZMAN, L. I. ; MATVEEV, K. A.: Inelastic tunneling through thin amorphous films. In: *Zhurnal Eksperimentalnoi i Teoreticheskoi Fiziki* 94 (1988), Nr. 6, S. 332–343

[48] LAMPERT, M. A. ; ROSE, A. ; SMITH, R. W.: Space-charge-limited currents as a technique for the study of imperfections in pure crystals. In: *Journal of Physics and Chemistry of Solids* 8 (1959), S. 464–466

[49] HUNKLINGER, S.: *Festkörperphysik*. Oldenburg Wissenschaftsverlag, München, 2007

[50] GUREVICH, V. L. ; TAGANTSEV, A. K.: Intrinsic dielectric loss in crystals. In: *Advances in Physics* 40 (1991), Nr. 6, S. 719–767

[51] LINES, M. E. ; GLASS, A. M.: *Principles and Applications of Ferroelectrics and related Materials*. Clarendon Press, Oxford, 1977

[52] DEVONSHIRE, A. F.: Theory of barium titanate .1. In: *Philosophical Magazine* 40 (1949), Nr. 309, S. 1040–1063

[53] DEVONSHIRE, A. F.: Theory of barium titanate .2. In: *Philosophical Magazine* 42 (1951), Nr. 333, S. 1065–1079

[54] DEVONSHIRE, A. F.: Theory of ferroelectrics. In: *Advances in Physics* 3 (1954), Nr. 10, S. 85–130

[55] *Kapitel* A Landau Primer for Ferroelektrics. In: CHANDRA, P. ; LITTLEWOOD, P. B.: *Physics of Ferroelectrics – A Modern Perspective*. Springer-Verlag Berlin Heidelberg, 2007, S. 69–115

[56] WYCKOFF, R. W. G.: *Crystal Structures*. Bd. 2. 2. Edition. Interscience, New York, 1964

[57] CAO, L. X. ; SOZONTOV, E. ; ZEGENHAGEN, J.: Cubic to tetragonal phase transition of $SrTiO_3$ under epitaxial stress: An X-ray backscattering study. In: *Physica Status Solidi A – Applied Research* 181 (2000), Nr. 2, S. 387–404

[58] GOLDSCHMIDT, V. M.: Gesetze der Krystallochemie. In: *Naturwissenschaften* 14 (1926), Nr. 21, S. 477–485

[59] *Kapitel* Modern Physics of Ferroelectrics: Essential Background. In: RABE, K. M. ; DAWBER, M. ; LICHTENSTEIGER, C. ; AHN, C. H. ; TRISCONE, J.-M.: *Physics of Ferroelectrics – A Modern Perspective*. Springer-Verlag Berlin Heidelberg, 2007, S. 1–30

[60] WOODWARD, P. M.: Octahedral tilting in perovskites. II. Structure stabilizing forces. In: *Acta Crystallographica Section B – Structural Science* 53 (1997), S. 44–66

[61] SHIRANE, G. ; YAMADA, Y.: Lattice-dynamical study of 110°K phase transition in $SrTiO_3$. In: *Physical Review* 177 (1969), Nr. 2, S. 858–863

Literaturverzeichnis

[62] GLAZER, A. M.: Classification of tilted octahedra in perovskites. In: *Acta Crystallographica Section B – Structural Science* B 28 (1972), S. 3384–3392

[63] COWLEY, R. A.: Lattice dynamics and phase transitions of strontium titanate. In: *Physical Review A – General Physics* 134 (1964), Nr. 4A, S. A981–A997

[64] MÜLLER, K. A. ; BURKHARD, H.: $SrTiO_3$: An intrinsic quantum paraelectric below 4 K. In: *Physical Review B* 19 (1979), Nr. 7, S. 3593–3602

[65] MÜLLER, K. A. ; BERLINGER, W. ; TOSATTI, E.: Indication for a novel phase in the quantum paraelectric regime of $SrTiO_3$. In: *Zeitschrift für Physik B – Condensed Matter* 84 (1991), Nr. 2, S. 277–283

[66] ITOH, M. ; WANG, R. ; INAGUMA, Y. ; YAMAGUCHI, T. ; SHAN, Y. J. ; NAKAMURA, T.: Ferroelectricity induced by oxygen isotope exchange in strontium titanate perovskite. In: *Physical Review Letters* 82 (1999), Nr. 17, S. 3540–3543

[67] YAMADA, Y. ; TODOROKI, N. ; MIYASHITA, S.: Theory of ferroelectric phase transition in $SrTiO_3$ induced by isotope replacement. In: *Physical Review B* 69 (2004), Nr. 2, S. 024103

[68] BEDNORZ, J. G. ; MÜLLER, K. A.: $Sr_{1-x}Ca_xTiO_3$ – An XY quantum ferroelectric with transition to randomness. In: *Physical Review Letters* 52 (1984), Nr. 25, S. 2289–2292

[69] UWE, H. ; SAKUDO, T.: Stress-induced ferroelectricity and soft phonon modes in $SrTiO_3$. In: *Physical Review B* 13 (1976), Nr. 1, S. 271–286

[70] HAENI, J. H. ; IRVIN, P. ; CHANG, W. ; UECKER, R. ; REICHE, P. ; LI, Y. L. ; CHOUDHURY, S. ; TIAN, W. ; HAWLEY, M. E. ; CRAIGO, B. ; TAGANTSEV, A. K. ; PAN, X. Q. ; STREIFFER, S. K. ; CHEN, L. Q. ; KIRCHOEFER, S. W. ; LEVY, J. ; SCHLOM, D. G.: Room-temperature ferroelectricity in strained $SrTiO_3$. In: *Nature* 430 (2004), Nr. 7001, S. 758–761

[71] OHLY, C. ; HOFFMANN, S. ; SZOT, K. ; WASER, R.: High temperature conductivity behavior of doped $SrTiO_3$ thin films. In: *Integrated Ferroelectrics* 33 (2001), Nr. 1-4, S. 363–372

[72] OHLY, C. ; HOFFMANN-EIFERT, S. ; GUO, X. ; SCHUBERT, J. ; WASER, R.: Electrical conductivity of epitaxial $SrTiO_3$ thin films as a function of oxygen partial pressure and temperature. In: *Journal of the American Ceramic Society* 89 (2006), Nr. 9, S. 2845–2852

[73] REDFIELD, D. ; BURKE, W. J.: Fundamental absorption-edge of $SrTiO_3$. In: *Physical Review B* 6 (1972), Nr. 8, S. 3104–3109

[74] REIHL, B. ; BEDNORZ, J. G. ; MÜLLER, K. A. ; JUGNET, Y. ; LANDGREN, G. ; MORAR, J. F.: Electronic structure of strontium titanate. In: *Physical Review B* 30 (1984), Nr. 2, S. 803–806

[75] DIETZ, G. W. ; ANTPOHLER, W. ; KLEE, M. ; WASER, R.: Electrode influence on the charge-transport through $SrTiO_3$ thin-films. In: *Journal of Applied Physics* 78 (1995), Nr. 10, S. 6113–6121

[76] WASER, R. ; BIEGER, T. ; MAIER, J.: Determination of acceptor concentrations and energy-levels in oxides using an optoelectrochemical technique. In: *Solid State Communications* 76 (1990), Nr. 8, S. 1077–1081

[77] SCHMITZ, S. I.: *Abhängigkeit des Leckstroms und der Dielektrizitätskonstanten in $SrTiO_3$- und $(Ba,Sr)TiO_3$-Dünnschichtkondensatoren von der Kontaktmetallisierung*, RWTH Aachen, Institut für Festkörperforschung, Forschungszentrum Jülich, Dissertation, 2002

[78] MORIN, F. J. ; OLIVER, J. R.: Energy-levels of iron and aluminum in $SrTiO_3$. In: *Physical Review B* 8 (1973), Nr. 12, S. 5847–5854

[79] SMYTH, D. M.: The defect chemistry of donor-doped $BaTiO_3$: A rebuttal. In: *Journal of Electroceramics* 9 (2003), Nr. 3, S. 179–186

[80] CHAN, N. H. ; SHARMA, R. K. ; SMYTH, D. M.: Non-stoichiometry in $SrTiO_3$. In: *Journal of the Electrochemical Society* 128 (1981), Nr. 8, S. 1762–1769

[81] TANAKA, T. ; MATSUNAGA, K. ; IKUHARA, Y. ; YAMAMOTO, T.: First-principles study on structures and energetics of intrinsic vacancies in $SrTiO_3$. In: *Physical Review B* 68 (2003), Nr. 20, S. 205213

[82] MOTT, N. F.: *Metal-Insulator Transitions*. 2. Edition. Taylor and Francis, London, 1990

[83] OHTOMO, A. ; HWANG, H. Y.: Growth mode control of the free carrier density in $SrTiO_{3-\delta}$ films. In: *Journal of Applied Physics* 102 (2007), Nr. 8, S. 083704

[84] SCHOOLEY, J. F. ; HOSLER, W. R. ; AMBLER, E. ; BECKER, J. H. ; COHEN, M. L. ; KOONCE, C. S.: Dependence of superconducting transition temperature on carrier concentration in semiconducting $SrTiO_3$. In: *Physical Review Letters* 14 (1965), Nr. 9, S. 305–307

[85] KOONCE, C. S. ; COHEN, M. L. ; SCHOOLEY, J. F. ; HOSLER, W. R. ; PFEIFFER, E. R.: Superconducting transition temperatures of semiconducting $SrTiO_3$. In: *Physical Review* 163 (1967), Nr. 2, S. 380–390

[86] BINNIG, G. ; BARATOFF, A. ; HOENIG, H. E. ; BEDNORZ, J. G.: Two-band superconductivity in Nb-doped $SrTiO_3$. In: *Physical Review Letters* 45 (1980), Nr. 16, S. 1352–1355

[87] APPEL, J.: Soft-mode superconductivity in $SrTiO_{3-x}$. In: *Physical Review* 180 (1969), Nr. 2, S. 508–516

[88] ALLEN, P. B.: Superconductivity and structural instability in $SrTiO_3$. In: *Solid State Communications* 13 (1973), Nr. 3, S. 411–415

[89] JOURDAN, M. ; ADRIAN, H.: Possibility of unconventional superconductivity of $SrTiO_{3-\delta}$. In: *Physica C* 388 (2003), S. 509–510

[90] JOURDAN, M. ; BLUMER, N. ; ADRIAN, H.: Superconductivity of $SrTiO_{3-\delta}$. In: *European Physical Journal B* 33 (2003), Nr. 1, S. 25–30

[91] JORGENSEN, J. D. ; VEAL, B. W. ; PAULIKAS, A. P. ; NOWICKI, L. J. ; CRABTREE, G. W. ; CLAUS, H. ; KWOK, W. K.: Structural properties of oxygen-deficient $YBa_2Cu_3O_{7-\delta}$. In: *Physical Review B* 41 (1990), Nr. 4, S. 1863–1877

[92] DAVID, W. I. F. ; HARRISON, W. T. A. ; GUNN, J. M. F. ; MOZE, O. ; SOPER, A. K. ; DAY, P. ; JORGENSEN, J. D. ; HINKS, D. G. ; BENO, M. A. ; SODERHOLM, L. ; CAPONE, D. W. ; SCHULLER, I. K. ; SEGRE, C. U. ; ZHANG, K. ; GRACE, J. D.: Structure and crystal-chemistry of the high-T_C superconductor $YBa_2Cu_3O_{7-x}$. In: *Nature* 327 (1987), Nr. 6120, S. 310–312

[93] BENO, M. A. ; SODERHOLM, L. ; CAPONE, D. W. ; HINKS, D. G. ; JORGENSEN, J. D. ; GRACE, J. D. ; SCHULLER, I. K. ; SEGRE, C. U. ; ZHANG, K.: Structure of the single-phase high-temperature superconductor $YBa_2Cu_3O_{7-\delta}$. In: *Applied Physics Letters* 51 (1987), Nr. 1, S. 57–59

[94] YAN, Q. W. ; ZHANG, P. L. ; JIN, L. ; SHEN, Z. G. ; ZHAO, J. K. ; REN, Y. ; WEI, Y. N. ; MAO, T. D. ; LIU, C. X. ; NING, T. S. ; SUN, K. ; YANG, Q. S.: Crystal-structure of the high-T_C superconductor $Ba_2YCu_3O_{7+x}$ using neutron-diffraction. In: *Physical Review B* 36 (1987), Nr. 10, S. 5599–5601

[95] BEECH, F. ; MIRAGLIA, S. ; SANTORO, A. ; ROTH, R. S.: Neutron study of the crystal-structure and vacancy distribution in the superconductor $Ba_2YCu_3O_{9-\delta}$. In: *Physical Review B* 35 (1987), Nr. 16, S. 8778–8781

[96] LEPAGE, Y. ; MCKINNON, W. R. ; TARASCON, J. M. ; GREENE, L. H. ; HULL, G. W. ; HWANG, D. M.: Room-temperature structure of the 90-K bulk superconductor $YBa_2Cu_3O_{8-x}$. In: *Physical Review B* 35 (1987), Nr. 13, S. 7245–7248

[97] JORGENSEN, J. D. ; BENA, M. A. ; HINKS, D. G. ; SODERHOLM, L. ; VOLIN, K. J. ; HITTERMAN, R. L. ; GRACE, J. D. ; SCHULLER, I. K. ; SEGRE, C. U. ; ZHANG, K. ; KLEEFISCH, M. S.: Oxygen ordering and the orthorhombic-to-tetragonal phase-transition in $YBa_2Cu_3O_{7-x}$. In: *Physical Review B* 36 (1987), Nr. 7, S. 3608–3616

[98] HAZEN, R. M. ; FINGER, L. W. ; ANGEL, R. J. ; PREWITT, C. T. ; ROSS, N. L. ; MAO, H. K. ; HADIDIACOS, C. G. ; HOR, P. H. ; MENG, R. L. ; CHU, C. W.: Crystallographic description of phases in the Y-Ba-Cu-O superconductor. In: *Physical Review B* 35 (1987), Nr. 13, S. 7238–7241

[99] HUBBARD, J.: Electron correlations in narrow energy bands. In: *Proceedings of the Royal Society of London Series A - Mathematical and Physical Sciences* 276 (1963), Nr. DEC, S. 238–257

[100] ANDERSON, P. W. ; BASKARAN, G. ; ZOU, Z. ; HSU, T.: Resonating valence-bond theory of phase-transitions and superconductivity in La_2CuO_4-based compounds. In: *Physical Review Letters* 58 (1987), Nr. 26, S. 2790–2793

[101] ANDERSON, P. W. ; LEE, P. A. ; RANDERIA, M. ; RICE, T. M. ; TRIVEDI, N. ; ZHANG, F. C.: The physics behind high-temperature superconducting cuprates: the 'plain vanilla' version of RVB. In: *Journal of Physics - Condensed Matter* 16 (2004), Nr. 24, S. R755–R769

[102] BUCKEL, W. ; KLEINER, R.: *Supraleitung - Grundlagen und Anwendung*. 6., vollständig überarbeitete und erweiterte Auflage. Wiley-VCH, Weinheim, 2004

[103] BLACKSTEAD, H. A. ; DOW, J. D.: Superconductivity in $YBa_2Cu_3O_x$. In: *JETP Letters* 59 (1994), Nr. 4, S. 283–289

[104] ARANDA, M. A. G.: Crystal structures of copper-based high-T_c superconductors. In: *Advanced Materials* 6 (1994), Nr. 12, S. 905–921

[105] BROWNING, V. M. ; SKELTON, E. F. ; OSOFSKY, M. S. ; QADRI, S. B. ; HU, J. Z. ; FINGER, L. W. ; CAUBET, P.: Structural inhomogeneities observed in $YBa_2Cu_3O_{7-\delta}$ crystals with optimal transport properties. In: *Physical Review B* 56 (1997), Nr. 5, S. 2860–2870

[106] SHKURATOV, S. I. ; IVANOV, S. N. ; SHILIMANOV, S. N.: Field electron-microscopy and spectroscopy of HTSC perfect monocrystals. In: *Surface Science* 266 (1992), Nr. 1–3, S. 224–231

[107] FOMENKO, V. S.: Electronic work function of sintered and single-crystalline high-temperature superconducting oxides. In: *Powder Metallurgy and Metal Ceramics* 32 (1993), Nr. 2, S. 178–181

[108] DEDYK, A. I. ; TER-MARTIROSYAN, L. T.: Redistribution of excess space charge in structures based on single-crystal strontium titanate. In: *Physics of the Solid State* 39 (1997), Nr. 2, S. 305–307

[109] HIRANO, T. ; UEDA, M. ; MATSUI, K. ; FUJII, T. ; SAKUTA, K. ; KOBAYASHI, T.: Dielectric properties of $SrTiO_3$ epitaxial film and their application to measurement of work function of $YBa_2Cu_3O_y$ epitaxial film. In: *Japanese Journal of Applied Physics Part 2 - Letters* 31 (1992), Nr. 9B, S. L1345–L1347

[110] DEVRIES, J. ; WAKISAKA, S. S. ; SPJUT, R. E.: Measurement of the work function of $Y_1Ba_2Cu_3O_{7-\delta}$ under ambient conditions. In: *Journal of Materials Research* 8 (1993), Nr. 7, S. 1497–1500

[111] HAMMOND, R. H. ; BORMANN, R.: Correlation between the in situ growth-conditions of YBCO thin-films and the thermodynamic stability-criteria. In: *Physica C* 162 (1989), S. 703–704

[112] ZHENG, X. Y. ; LOWNDES, D. H. ; ZHU, S. ; BUDAI, J. D. ; WARMACK, R. J.: Early stages of $YBa_2Cu_3O_{7-\delta}$ epitaxial growth on MgO and $SrTiO_3$. In: *Physical Review B* 45 (1992), Nr. 13, S. 7584–7587

[113] *Kapitel* High-T_C thin-films. Growth Modes – Structure – Applications. In: MANNHART, J. ; BEDNORZ, J. G. ; CATANA, A. ; GERBER, C. ; SCHLOM, D. G.: *Materials and crystallographic aspects of HT_C-superconductivity.* Bd. 263. Kluwer Academic Publishing, 1994, S. 453–470

[114] HAYWARD, S. A. ; MORRISON, F. D. ; REDFERN, S. A. T. ; SALJE, E. K. H. ; SCOTT, J. F. ; KNIGHT, K. S. ; TARANTINO, S. ; GLAZER, A. M. ; SHUVAEVA, V. ; DANIEL, P. ; ZHANG, M. ; CARPENTER, M. A.: Transformation processes in $LaAlO_3$: Neutron diffraction, dielectric, thermal, optical, and Raman studies. In: *Physical Review B* 72 (2005), Nr. 5, S. 054110

[115] KJEMS, J. K. ; SHIRANE, G. ; MÜLLER, K. A. ; SCHEEL, H. J.: Soft-phonon response function – Inelastic neutron scattering from $LaAlO_3$. In: *Physical Review B* 8 (1973), Nr. 3, S. 1119–1124

[116] MÜLLER, K. A. ; BERLINGER, W. ; WALDNER, F.: Characteristic structural phase transition in perovskite-type compounds. In: *Physical Review Letters* 21 (1968), Nr. 12, S. 814–817

[117] GELLER, S. ; BALA, V. B.: Crystallographic studies of perovskite-like compounds. II. Rare earth aluminates. In: *Acta Crystallographica* 9 (1956), Nr. 11, S. 1019–1025

[118] COCHRAN, W. ; ZIA, A.: Structure and dynamics of perovskite-type crystals. In: *Physica Status Solidi* 25 (1968), Nr. 1, S. 273–283

[119] SCHLOM, D. G. ; CHEN, L. Q. ; EOM, C. B. ; RABE, K. M. ; STREIFFER, S. K. ; TRISCONE, J. M.: Strain tuning of ferroelectric thin films. In: *Annual Review of Materials Research* 37 (2007), S. 589–626

[120] REAGOR, D. ; GARZON, F.: Dielectric and optical properties of substrates for high-temperature superconductor films. In: *Applied Physics Letters* 58 (1991), Nr. 24, S. 2741–2743

[121] KRUPKA, J. ; GEYER, R. G. ; KUHN, M. ; HINKEN, J. H.: Dielectric properties of single crystals of Al_2O_3, $LaAlO_3$, $NdGaO_3$, $SrTiO_3$, and MgO at cryogenic

temperatures. In: *IEEE Transactions on Microwave Theory and Techniques* 42 (1994), Nr. 10, S. 1886–1890

[122] DELUGAS, P. ; FIORENTINI, V. ; FILIPPETTI, A.: Dielectric properties and long-wavelength optical modes of the high-κ oxide $LaAlO_3$. In: *Physical Review B* 71 (2005), Nr. 13, S. 134302

[123] YAO, G. D. ; HOU, S. Y. ; DUDLEY, M. ; PHILLIPS, J. M.: Synchrotron X-ray topography studies of twin structures in lanthanum aluminate single crystals. In: *Journal of Materials Research* 7 (1992), Nr. 7, S. 1847–1855

[124] PATZIG, C.: *Herstellung und Untersuchung dünner Wismutschichten auf gitterunangepassten Substraten*, Friedrich-Schiller-Universität Jena, Diplomarbeit, 2006

[125] CARDONA, M.: Optical properties and band structure of $SrTiO_3$ and $BaTiO_3$. In: *Physical Review* 140 (1965), Nr. 2A, S. A651–A655

[126] BAUERLE, D. ; BRAUN, W. ; SAILE, V. ; SPRUSSEL, G. ; KOCH, E. E.: Vacuum ultraviolet reflectivity and band structure of $SrTiO_3$ and $BaTiO_3$. In: *Zeitschrift für Physik B – Condensed Matter* 29 (1978), Nr. 3, S. 179–184

[127] DOESWIJK, L. M. ; RIJNDERS, G. ; BLANK, D. H. A.: Pulsed laser deposition: Metal versus oxide ablation. In: *Applied Physics A – Materials Science & Processing* 78 (2004), Nr. 3, S. 263–268

[128] ZEUNER, S. ; LENGFELLNER, H. ; PRETTL, W.: Thermal-boundary resistance and diffusivity for $YBa_2Cu_3O_{7-\delta}$ films. In: *Physical Review B* 51 (1995), Nr. 17, S. 11903–11908

[129] INAM, A. ; WU, X. D. ; VENKATESAN, T. ; OGALE, S. B. ; CHANG, C. C. ; DIJKAMP, D.: Pulsed laser etching of high-T_C superconducting films. In: *Applied Physics Letters* 51 (1987), Nr. 14, S. 1112–1114

[130] GROSSE, V: ; PANSOW, C. ; STEPPKE, A. ; SCHMIDL, F. ; UNDISZ, A. ; RETTENMAYR, M. ; GRIB, A. ; SEIDEL, P.: Pulsed laser deposition of niobium thin films for in-situ device fabrication and their superconducting properties. In: *Journal of Physics: Conference Series* 234 (2010), S. 012015

[131] WILLMOTT, P. R. ; HUBER, J. R.: Pulsed laser vaporization and deposition. In: *Reviews of Modern Physics* 72 (2000), Nr. 1, S. 315–328

[132] PANSOW, Christian: *Laser Deposition von Niob*, Friedrich-Schiller-Universität Jena, Diplomarbeit, 2008

[133] SEIDEL, P. ; SCHMIDL, F. ; STEIGMEIER, C. ; LINZEN, S. ; PEISELT, K.: Thin YBCO films on different substrates and their use in Josephson junctions and SQUIDs. In: *Superconductor Science & Technology* 15 (2002), Nr. 3, S. 462–467

[134] BIRKHOLZ, M.: *Thin Film Analysis by X-Ray Scattering*. Wiley-VCH Verlag Gmbh, Weinheim, 2006

[135] *Kapitel* General experimental methods. In: GÖTZ, G. ; DITTMAR, A.: *High energy ion beam analysis of solids*. Friedrich-Schiller-Universität Jena, 1986, S. 161–213

[136] *Kapitel* Theoretical Fundamentals. In: GÄRTNER, K.: *High energy ion beam analysis of solids*. Friedrich-Schiller-Universität Jena, 1986, S. 11–127

[137] MEYER, E. ; HUG, H. J. ; BENNEWITZ, R.: *Scanning Probe Microscopy: The Lab on a Tip*. Springer-Verlag Berlin Heidelberg, 2004

[138] GOODHEW, P. J. ; HUMPHREY, F. J. ; BEANLAND, R.: *Electron Microscopy and Analysis*. 3. Edition. Taylor & Francis, London, 2001

[139] REIMER, L.: *Transmission Electron Microscopy: Physics of Image Formation and Microanalysis*. 3. Edition. Springer, 1993

[140] WILLIAMS, D. B. ; CARTER, C. B.: *Transmission Electron Microscopy: A Textbook for Materials Science*. Plenum Press, New York, 1996

[141] NECAS, D. ; KLAPETEK, P. ; ANDERSON, C. ; SILER, M. ; BILEK, J. ; OCELIC, N. ; ZITKO, R. ; CHVATAL, L. ; NEUMANN, S. ; HORAK, J. ; ET AL.: *Gwyddion – Modular program for scanning probe microscopy data visualization and analysis*. Software. http://gwyddion.net/. Version: 2.19

[142] SEIDEL, P. ; SCHMIDL, F. ; BECKER, C. ; SPRINGBORN, U. ; BIERING, S. ; GROSSE, V. ; FÖRSTER, T. ; LORENZ, P. ; BECHSTEIN, R.: Planar high-temperature superconducting dc-SQUID gradiometers for different applications. In: *Superconductor Science & Technology* 19 (2006), Nr. 3, S. S143–S148

[143] SEIDEL, P. ; FÖRSTER, T. ; SCHNEIDEWIND, H. ; BECKER, C. ; GROSSE, V. ; STEPPKE, A. ; LORENZ, P. ; PIETZCKER, R. ; SCHMIDL, F.: Comparison of high temperature superconducting gradiometers using flip chip YBCO and TBCCO antennas. In: *IEEE Transactions on Applied Superconductivity* 17 (2007), Nr. 2, S. 668–671

[144] SEIDEL, P. ; BECKER, C. ; STEPPKE, A. ; FÖRSTER, T. ; WUNDERLICH, S. ; GROSSE, V. ; PIETZCKER, R. ; SCHMIDL, F.: Noise properties of high-temperature superconducting dc-SQUID gradiometers. In: *Physica C* 460 (2007), S. 331–334

[145] SEIDEL, P. ; BECKER, C. ; STEPPKE, A. ; BÜTTNER, M. ; SCHNEIDEWIND, H. ; GROSSE, V. ; ZIEGER, G. ; SCHMIDL, F.: Long-time stable high-temperature superconducting dc-SQUID gradiometers with silicon dioxide passivation for measurements with superconducting flux transformers. In: *Superconductor Science & Technology* 20 (2007), Nr. 11, S. S380–S384

[146] BARRETT, J. H.: Dielectric constant in perovskite type crystals. In: *Physical Review* 86 (1952), Nr. 1, S. 118–120

[147] SEIDEL, P. ; BECKER, C. ; STEPPKE, A. ; SCHINKEL, U. ; HÖFER, K. ; GROSSE, V. ; ENGMANN, S. ; SCHMIDL, F. ; REDLICH, L.: Higher order HTSC gradiometer for measurements in unshielded environment. In: *IEEE Transactions on Applied Superconductivity* 19 (2009), Nr. 3, S. 218–221

[148] BORCK, J. ; LINZEN, S. ; ZACH, K. ; SEIDEL, P.: A morphological growth model for laser ablated $Y_1Ba_2Cu_3O_{7-x}$ thin films. In: *Physica C* 213 (1993), Nr. 1-2, S. 145–150

[149] SCHMAUDER, T.: *Mehrlagenepitaxie für kryelektronische Bauelemente auf der Basis von Hochtemperatursupraleitern*, Friedrich-Schiller-Universität Jena, Dissertation, 1997

[150] SEIDEL, P. ; SCHMIDL, F. ; WALD, H. ; MANS, M. ; PEISELT, K. ; BALDEWEG, U. ; BECK, M. ; BIERING, S. ; BECKER, C. ; UHLIG, J. ; GROSSE, V.: Thin-film technology for HTSC Josephson devices. In: *IEEE Transactions on Applied Superconductivity* 15 (2005), Nr. 2, S. 161–164

[151] GROSSE, V.: *Herstellung und Charakterisierung von epitaktischen Supraleiter-Isolator-Schichtsystemen*, Friedrich-Schiller-Universität Jena, Diplomarbeit, 2005

[152] NICOLA, L. ; GIESSEN, E. Van d. ; GURTIN, M. E.: Effect of defect energy on strain-gradient predictions of confined single-crystal plasticity. In: *Journal of the Mechanics and Physics of Solids* 53 (2005), Nr. 6, S. 1280–1294

[153] CATALAN, G. ; NOHEDA, B. ; MCANENEY, J. ; SINNAMON, L. J. ; GREGG, J. M.: Strain gradients in epitaxial ferroelectrics. In: *Physical Review B* 72 (2005), Nr. 2, S. 020102

[154] OHNISHI, T. ; LIPPMAA, M. ; YAMAMOTO, T. ; MEGURO, S. ; KOINUMA, H.: Improved stoichiometry and misfit control in perovskite thin film formation at a critical fluence by pulsed laser deposition. In: *Applied Physics Letters* 87 (2005), Nr. 24, S. 241919

[155] TAYLOR, T. R. ; HANSEN, P. J. ; PERVEZ, N. ; ACIKEL, B. ; YORK, R. A. ; SPECK, J. S.: Influence of stoichiometry on the dielectric properties of sputtered strontium titanate thin films. In: *Journal of Applied Physics* 94 (2003), Nr. 5, S. 3390–3396

[156] HÄHLE, R.: *Untersuchung der Abhängigkeit der elektrischen Eigenschaften dünner $SrTiO_3$-Schichten vom Kontaktmaterial*, Friedrich-Schiller-Universität Jena, Diplomarbeit, 2009

[157] GROSSE, V. ; ENGMANN, S. ; SCHMIDL, F. ; UNDISZ, A. ; RETTENMAYR, M. ; SEIDEL, P.: Formation of gold nano particles during pulsed laser deposition of

YBa$_2$Cu$_3$O$_{7-\delta}$ thin films. In: *Physica Status Solidi – Rapid Research Letters* 4 (2010), Nr. 5-6, S. 97–99

[158] AYTUG, T. ; PARANTHAMAN, M. ; LEONARD, K. J. ; KANG, S. ; MARTIN, P. M. ; HEATHERLY, L. ; GOYAL, A. ; IJADUOLA, A. O. ; THOMPSON, J. R. ; CHRISTEN, D. K. ; MENG, R. ; RUSAKOVA, I. ; CHU, C. W.: Analysis of flux pinning in YBa$_2$Cu$_3$O$_{7-\delta}$ films by nanoparticle-modified substrate surfaces. In: *Physical Review B* 74 (2006), Nr. 18, S. 184505

[159] AYTUG, T. ; PARANTHAMAN, M. ; LEONARD, K. J. ; KIM, K. ; IJADUOLA, A. O. ; ZHANG, Y. ; TUNCER, E. ; THOMPSON, J. R. ; CHRISTEN, D. K.: Enhanced flux pinning and critical currents in YBa$_2$Cu$_3$O$_{7-\delta}$ films by nanoparticle surface decoration: Extension to coated conductor templates. In: *Journal of Applied Physics* 104 (2008), Nr. 4, S. 043906

[160] MIKHEENKO, P. ; SARKAR, A. ; DANG, V. S. ; TANNER, J. L. ; ABELL, J. S. ; CRISAN, A.: c-axis correlated extended defects and critical current in YBa$_2$Cu$_3$O$_x$ films grown on Au and Ag-nano dot decorated substrates. In: *Physica C* 469 (2009), Nr. 14, S. 798–804

[161] HAUGAN, T. ; BARNES, P. N. ; WHEELER, R. ; MEISENKOTHEN, F. ; SUMPTION, M.: Addition of nanoparticle dispersions to enhance flux pinning of the YBa$_2$Cu$_3$O$_{7-x}$ superconductor. In: *Nature* 430 (2004), Nr. 7002, S. 867–870

[162] CAI, C. ; HÄNISCH, J. ; GEMMING, T. ; HOLZAPFEL, B.: Anisotropic enhancement of flux pinning in mixed rare earth 123-type thin films. In: *IEEE Transactions on Applied Superconductivity* 15 (2005), Nr. 2, S. 3738–3741

[163] SCHMIDL, F. ; GROSSE, V. ; KUHWALD, D. ; SCHMIDT, M. ; HÜBNER, U. ; SEIDEL, P.: Growth engineering of YBa$_2$Cu$_3$O$_{7-x}$ grain boundary Josephson junctions by Au nano clusters. In: *to be published*

[164] BECHSTEIN, R.: *Herstellung und Untersuchung dünner Isolatorschichten für supraleitende Bauelemente*, Institut für Festkörperphysik, Friedrich-Schiller-Universität Jena, Diplomarbeit, 2005

[165] MORÁN CAMPAÑA, O.: *Leitfähigkeitsmechanismen in dünnen SrTiO$_3$-Barrieren und ihr Einfluß auf die Funktion supraleitender Quasiteilchen-Injektionsbauelemente*, Forschungszentrum Karlsruhe, Dissertation, 2002

[166] MORAN, O. ; HOTT, R. ; SCHNEIDER, R. ; HALBRITTER, J.: Transport properties of ultrathin SrTiO$_3$ barriers for high-temperature superconductor electronics applications. In: *Journal of Applied Physics* 94 (2003), Nr. 10, S. 6717–6723

[167] DAWBER, M. ; SCOTT, J. F. ; HARTMANN, A. J.: Effect of donor and acceptor dopants on Schottky barrier heights and vacancy concentrations in barium stron-

tium titanate. In: *Journal of the European Ceramic Society* 21 (2001), Nr. 10-11, S. 1633–1636

[168] ZAFAR, S. ; JONES, R. E. ; JIANG, B. ; WHITE, B. ; KAUSHIK, V. ; GILLESPIE, S.: The electronic conduction mechanism in barium strontium titanate thin films. In: *Applied Physics Letters* 73 (1998), Nr. 24, S. 3533–3535

[169] FUCHS, D. ; SCHNEIDER, C. W. ; SCHNEIDER, R. ; RIETSCHEL, H.: High dielectric constant and tunability of epitaxial SrTiO$_3$ thin film capacitors. In: *Journal of Applied Physics* 85 (1999), Nr. 10, S. 7362–7369

[170] HWANG, C. S. ; LEE, B. T. ; KANG, C. S. ; LEE, K. H. ; CHO, H. J. ; HIDEKI, H. ; KIM, W. D. ; LEE, S. I. ; LEE, M. Y.: Depletion layer thickness and Schottky type carrier injection at the interface between Pt electrodes and (Ba, Sr)TiO$_3$ thin films. In: *Journal of Applied Physics* 85 (1999), Nr. 1, S. 287–295

[171] MORRISON, F. D. ; ZUBKO, P. ; JUNG, D. J. ; SCOTT, J. F. ; BAXTER, P. ; SAAD, M. M. ; BOWMAN, R. M. ; GREGG, J. M.: High-field conduction in barium titanate. In: *Applied Physics Letters* 86 (2005), Nr. 15, S. 152903

[172] CHEN, H. M. ; TSAUR, S. W. ; LEE, J. Y. M.: Leakage current characteristics of lead-zirconate-titanate thin film capacitors for memory device applications. In: *Japanese Journal of Applied Physics* 37 (1998), Nr. 7, S. 4056–4060

[173] DAWBER, M. ; RABE, K. M. ; SCOTT, J. F.: Physics of thin-film ferroelectric oxides. In: *Reviews of Modern Physics* 77 (2005), Nr. 4, S. 1083–1130

[174] XI, X. X. ; LI, Q. ; DOUGHTY, C. ; KWON, C. ; BHATTACHARYA, S. ; FINDIKOGLU, A. T. ; VENKATESAN, T.: Electric field effect in high T_c superconducting ultrathin YBa$_2$Cu$_3$O$_{7-x}$ films. In: *Applied Physics Letters* 59 (1991), Nr. 26, S. 3470–3472

[175] FREY, T. ; MANNHART, J. ; BEDNORZ, J. G. ; WILLIAMS, E. J.: High-T_c superconductor insulator superconductor heterostructures with highly resistive insulator layers. In: *Japanese Journal of Applied Physics Part 2 – Letters* 35 (1996), Nr. 3B, S. L384–L386

[176] HE, S. M. ; LI, D. H. ; DENG, X. W. ; LIU, X. Z. ; ZHANG, Y. ; LI, Y. R.: The dielectric properties of pulsed laser deposited SrTiO$_3$ thin films. In: *Microelectronic Engineering* 66 (2003), Nr. 1-4, S. 891–895

[177] SCOTT, J. F.: Device physics of ferroelectric thin-film memories. In: *Japanese Journal of Applied Physics Part 1 – Regular Papers Short Notes & Review Papers* 38 (1999), Nr. 4B, S. 2272–2274

[178] PINTILIE, L. ; VREJOIU, I. ; HESSE, D. ; LERHUN, G. ; ALEXE, M.: Ferroelectric polarization-leakage current relation in high quality epitaxial Pb(Zr,Ti)O$_3$ films. In: *Physical Review B* 75 (2007), Nr. 10, S. 104103

[179] VENDIK, O. G. ; ZUBKO, S. P.: Modeling the dielectric response of incipient ferroelectrics. In: *Journal of Applied Physics* 82 (1997), Nr. 9, S. 4475–4483

[180] VENDIK, O. G. ; ZUBKO, S. P. ; TER-MARTIROSAYN, L. T.: Experimental evidence of the size effect in thin ferroelectric films. In: *Applied Physics Letters* 73 (1998), Nr. 1, S. 37–39

[181] VENDIK, O. G. ; ZUBKO, S. P.: Ferroelectric phase transition and maximum dielectric permittivity of displacement type ferroelectrics ($Ba_xSr_{1-x}TiO_3$). In: *Journal of Applied Physics* 88 (2000), Nr. 9, S. 5343–5350

[182] CATALAN, G. ; SINNAMON, L. J. ; GREGG, J. M.: The effect of flexoelectricity on the dielectric properties of inhomogeneously strained ferroelectric thin films. In: *Journal of Physics – Condensed Matter* 16 (2004), Nr. 13, S. 2253–2264

[183] PALOVA, L. ; CHANDRA, P. ; RABE, K. M.: Modeling the dependence of properties of ferroelectric thin film on thickness. In: *Physical Review B* 76 (2007), Nr. 1, S. 014112

[184] HONG, J. W. ; CATALAN, G. ; SCOTT, J. F. ; ARTACHO, E.: The flexoelectricity of barium and strontium titanates from first principles. In: *Journal of Physics – Condensed Matter* 22 (2010), Nr. 11, S. 112201

[185] ZUBKO, P. ; CATALAN, G. ; BUCKLEY, A. ; WELCHE, P. R. L. ; SCOTT, J. F.: Strain-gradient-induced polarization in $SrTiO_3$ single crystals. In: *Physical Review Letters* 99 (2007), Nr. 16, S. 167601

[186] MA, W. H.: A study of flexoelectric coupling associated internal electric field and stress in thin film ferroelectrics. In: *Physica Status Solidi B – Basic Solid State Physics* 245 (2008), Nr. 4, S. 761–768

[187] SPIEGEL, M. R. ; LIU, J.: *Mathematical Handbook of Formulas and Tables*. 2. Edition. McGraw-Hill, New York, 1998 (Schaum's Outlines)

[188] POWELL, R. A. ; SPICER, W. E.: Photoemission investigation of surface states on strontium titanate. In: *Physical Review B* 13 (1976), Nr. 6, S. 2601–2604

[189] *Kapitel* Appendix A – Landau Free-Energy Coefficients. In: CHEN, L.-Q.: *Physics of Ferroelectrics – A Modern Perspective*. Springer-Verlag Berlin Heidelberg, 2007, S. 363–372

[190] LÖTZSCH, R. ; LÜBCKE, A. ; USCHMANN, I. ; FÖRSTER, E. ; GROSSE, V. ; THÜRK, M. ; KÖTTIG, T. ; SCHMIDL, F. ; SEIDEL, P.: The cubic to tetragonal phase transition in $SrTiO_3$ single crystals near its surface under internal and external strains. In: *Applied Physics Letters* 96 (2010), Nr. 7, S. 071901

[191] ROA, J. J. ; CAPDEVILA, X. G. ; MARTINEZ, M. ; ESPIELL, F. ; SEGARRA, M.: Nanohardness and Young's modulus of YBCO samples textured by the Bridgman technique. In: *Nanotechnology* 18 (2007), Nr. 38, S. 385701

[192] KRETSCHMER, R. ; BINDER, K.: Surface effects on phase-transitions in ferroelectrics and dipolar magnets. In: *Physical Review B* 20 (1979), Nr. 3, S. 1065–1076

[193] COWLEY, A. M. ; SZE, S. M.: Surface states and barrier height of metal-semiconductor systems. In: *Journal of Applied Physics* 36 (1965), Nr. 10, S. 3212–3220

[194] ROBERTSON, J. ; CHEN, C. W.: Schottky barrier heights of tantalum oxide, barium strontium titanate, lead titanate, and strontium bismuth tantalate. In: *Applied Physics Letters* 74 (1999), Nr. 8, S. 1168–1170

[195] SCHLÜTER, M.: Chemical trends in metal-semiconductor barrier heights. In: *Physical Review B* 17 (1978), Nr. 12, S. 5044–5047

[196] BAN, Z. G. ; ALPAY, S. P. ; MANTESE, J. V.: Fundamentals of graded ferroic materials and devices. In: *Physical Review B* 67 (2003), Nr. 18, S. 184104

[197] APSLEY, N. ; HUGHES, H. P.: Temperature- and field-dependence of hopping conduction in disordered systems, II. In: *Philosophical Magazine* 31 (1975), Nr. 6, S. 1327–1339

[198] FREDERIKSE, H. P. R. ; THURBER, W. R. ; HOSLER, W. R.: Electronic transport in strontium titanate. In: *Physical Review A – General Physics* 134 (1964), Nr. 2A, S. A442–A445

[199] FREDERIKSE, H. P. R. ; HOSLER, W. R.: Hall mobility in $SrTiO_3$. In: *Physical Review* 161 (1967), Nr. 3, S. 822–827

[200] TUFTE, O. N. ; CHAPMAN, P. W.: Electron mobility in semiconducting strontium titanate. In: *Physical Review* 155 (1967), Nr. 3, S. 796–802

[201] SIMMONS, J. G.: Richardson-Schottky effect in solids. In: *Physical Review Letters* 15 (1965), Nr. 25, S. 967–968

[202] LEVIN, S. B. ; FIELD, N. J. ; PLOCK, F. M. ; MERKER, L.: Some optical properties of strontium titanate crystal. In: *Journal of the Optical Society of America* 45 (1955), Nr. 9, S. 737–739

[203] TREPAKOV, V. ; DEJNEKA, A. ; MARKOVIN, P. ; LYNNYK, A. ; JASTRABIK, L.: A 'soft electronic band' and the negative thermooptic effect in strontium titanate. In: *New Journal of Physics* 11 (2009), S. 083024

[204] SCOTT, J. F.: High-dielectric constant thin films for dynamic random access memories (DRAM). In: *Annual Review of Materials Science* 28 (1998), S. 79–100

[205] FORBES, R. G. ; DEANE, J. H. B.: Reformulation of the standard theory of Fowler-Nordheim tunnelling and cold field electron emission. In: *Proceedings of the Royal Society A - Mathematical Physical and Engineering Sciences* 463 (2007), Nr. 2087, S. 2907–2927

[206] RICHTER, J. ; SEIDEL, P.: Analytic expression for zero-bias offset in conductance-voltage characteristic of metal-insulator-metal tunnel junctions. In: *Physica Status Solidi A - Applied Research* 46 (1978), Nr. 1, S. K25–K28

[207] KOHLSTEDT, H. ; PERTSEV, N. A. ; CONTRERAS, J. R. ; WASER, R.: Theoretical current-voltage characteristics of ferroelectric tunnel junctions. In: *Physical Review B* 72 (2005), Nr. 12, S. 125341

[208] TSYMBAL, E. Y. ; KOHLSTEDT, H.: Tunneling across a ferroelectric. In: *Science* 313 (2006), Nr. 5784, S. 181–183

[209] ZHURAVLEV, M. Y. ; WANG, Y. ; MAEKAWA, S. ; TSYMBAL, E. Y.: Tunneling electroresistance in ferroelectric tunnel junctions with a composite barrier. In: *Applied Physics Letters* 95 (2009), Nr. 5, S. 052902

[210] GRAJCAR, M. ; PLECENIK, A. ; SEIDEL, P. ; PFUCH, A.: Influence of inelastic effects on differential conductance of a high-T_C superconductor/metal junction. In: *Physical Review B* 51 (1995), Nr. 22, S. 16185–16189

[211] GRAJCAR, M. ; PLECENIK, A. ; SEIDEL, P. ; VOJTANIK, V. ; BARHOLZ, K. U.: Asymmetry and quasilinear background of differential conductance characteristics of high-T_C-superconductor/metal tunnel junctions. In: *Physical Review B* 55 (1997), Nr. 17, S. 11738–11744

[212] HANNA, A. E. ; TINKHAM, M.: Variation of the Coulomb staircase in a two-junction system by fractional electron charge. In: *Physical Review B* 44 (1991), Nr. 11, S. 5919–5922

[213] SZOT, K. ; SPEIER, W. ; BIHLMAYER, G. ; WASER, R.: Switching the electrical resistance of individual dislocations in single-crystalline $SrTiO_3$. In: *Nature Materials* 5 (2006), Nr. 4, S. 312–320

[214] SZOT, K. ; DITTMANN, R. ; SPEIER, W. ; WASER, R.: Nanoscale resistive switching in $SrTiO_3$ thin films. In: *Physica Status Solidi - Rapid Research Letters* 1 (2007), Nr. 2, S. R86–R88

[215] SZOT, K. ; SPEIER, W. ; CARIUS, R. ; ZASTROW, U. ; BEYER, W.: Localized metallic conductivity and self-healing during thermal reduction of $SrTiO_3$. In: *Physical Review Letters* 88 (2002), Nr. 7, S. 075508

[216] JIA, C. L. ; THUST, A. ; URBAN, K.: Atomic-scale analysis of the oxygen configuration at a $SrTiO_3$ dislocation core. In: *Physical Review Letters* 95 (2005), Nr. 22, S. 225506

[217] SZOT, K. ; PAWELCZYK, M. ; HERION, J. ; FREIBURG, C. ; ALBERS, J. ; WASER, R. ; HULLIGER, J. ; KWAPULINSKI, J. ; DEC, J.: Nature of the surface layer in ABO_3-type Perovskites at elevated temperatures. In: *Applied Physics A - Materials Science & Processing* 62 (1996), Nr. 4, S. 335–343

[218] PHILIBERT, J.: *Atom Movements - Diffusion and Mass Transport in Solids*. Les Ulis, France, 1991 (Editions de Physique)

[219] PALADINO, A. E. ; RUBIN, L. G. ; WAUGH, J. S.: Oxygen ion diffusion in single crystal $SrTiO_3$. In: *Journal of Physics and Chemistry of Solids* 26 (1965), Nr. 2, S. 391–397

[220] ALLEC, N. ; KNOBEL, R. G. ; SHANG, L.: SEMSIM: Adaptive multiscale simulation for single-electron devices. In: *IEEE Transactions on Nanotechnology* 7 (2008), Nr. 3, S. 351–354

[221] AVERIN, D. V. ; LIKHAREV, K. K.: Coulomb blockade of single-electron tunneling, and coherent oscillations in small tunnel-junctions. In: *Journal of Low Temperature Physics* 62 (1986), Nr. 3-4, S. 345–373

[222] BAKHVALOV, N. S. ; KAZACHA, G. S. ; LIKHAREV, K. K. ; SERDYUKOVA, S. I.: Statics and dynamics of single-electron solitons in two-dimensional arrays of ultrasmall tunnel junctions. In: *Physica B* 173 (1991), Nr. 3, S. 319–328

A. Anhang

A.1. Command-Line Tool zur Korrektur der Daten zur dielektrischen Response

Die Rohdaten zur dielektrischen Response wurden mithilfe eines selbst entwickelten Command-Line Tool entsprechend der Ausführungen in Abschnitt 3.3.2 durchgeführt. Die Listings des Programms sind im Folgenden aufgeführt.

Listing A.1: main.c

```c
#include <stdio.h>
#include "model.h"
#include <time.h>
#include <string.h>
#include <stdlib.h>

#define PI 3.1415
#define ARRAYSIZE 6

int main (int argc, const char * argv[]) {
    double capCorrected,temp,capMes,tand;
    double factor,frequency;
    double rtTemp[3000],rtRes[3000];
    double resP=0;
    char* inputParameters[ARRAYSIZE];
    int i=0, error=0, strlength=0;
    FILE *inFileCap;
    FILE *inFileRes;
    FILE *outFile;

    clock_t t1=clock();

    //string length of longest argument and allocating memory for inputParameters,
    //    respectivly
    for(i=0;i<argc;i++) if(strlen(argv[i])>strlength) strlength=strlen(argv[i]);
    for(i=0;i<ARRAYSIZE;i++) inputParameters[i] = (char*)malloc(strlength*sizeof(char));

    if(!(error=analyzeParameters(argc, argv, inputParameters))) {
        //no errors in analyzingParameters, then open files and get doubles for factor
        //    and frequency
        inFileCap=fopen(inputParameters[1], "r");
        inFileRes=fopen(inputParameters[2], "r");
        outFile=fopen(inputParameters[3], "w");
        sscanf(inputParameters[4],"%le",&factor);
        sscanf(inputParameters[5],"%le",&frequency);

        //opening files ok?
        if(inFileCap!=NULL && inFileRes!=NULL && outFile!=NULL) {
            //initiallize maximum and minimum for temperature range
            double max=0.0, min=500.0;

            //read data in R(T)-file
            while (fscanf(inFileRes, "%le_%le\n",&rtTemp[i],&rtRes[i])!=EOF) i++;

            //determin temperature range
            for (int j=0; j<i; j++) {
                if (rtTemp[j]<min) min=rtTemp[j];
                else if (rtTemp[j]>max) max=rtTemp[j];
            }
            //correct capacitance data and write to output file
            while (fscanf(inFileCap,"%le_%le_%le\n",&temp,&capMes,&tand)!=EOF) {
                if (temp<max && temp>min) {
```

A. Anhang

```
                                capCorrected=correctedCap(tand, seriesRes(rtTemp,rtRes
                                        ,temp,factor,i), capMes, capMes, frequency,&resP);
                                tand=1/(2*PI*frequency*resP*capCorrected);
                                fprintf(outFile, "%le %le %le %le\n",temp,capCorrected
                                        ,tand,resP);
                        }
                    }
                    printf("done.\n");
                }
                else {
                    error=error+32;
                }
                fclose(inFileCap);
                fclose(inFileRes);
                fclose(outFile);
            }
        
            if(error!=0) printf("exited with error code %d.\n",error);
        
            printf("%.4lf sec used.\n",(clock()-t1)/(double)CLOCKS_PER_SEC);
        
            //free allocated memory
            for(i=0;i<ARRAYSIZE;i++){free(inputParameters[i]); inputParameters[i]=NULL;}
        
            return 0;
    }
```

Listing A.2: model.h

```
    /*
    *   model.h
    *   freqcor
    *
    *   Created by Veit Grosse on 28.02.10.
    *   Copyright 2010 Institut fuer Festkoerperphysik Jena. All rights reserved.
    *
    */
    
    double correctedCap(double tand, double rS, double cMess, double cGuess, double freq,double*
        rP);
    double seriesRes(double *rtTemp, double *rtRes,double temp, double factor,int size);
    int analyzeParameters(int argc, const char* argv[], char** inputParameters);
```

Listing A.3: model.c

```
    /*
    *   model.c
    *   freqcor
    *
    *   Created by Veit Grosse on 28.02.10.
    *   Copyright 2010 Institut fuer Festkoerperphysik Jena. All rights reserved.
    *
    */
    
    #include "model.h"
    #include <string.h>
    #include <math.h>
    #include <stdio.h>
    
    #define PI 3.1415
    #define ERROR 0.00001
    
    double correctedCap(double tand, double rS, double cMess, double cGuess, double freq, double*
        rP) {
        double result;
        
        //recursive calculation of corrected capacitance
        *rP=fabs((1/(2*PI*freq*cGuess)+sqrt(fabs(1/pow(2*PI*freq*cGuess,2)+4*(tand-2*PI*freq*
            rS*cGuess)*rS/(2*PI*freq*cGuess))))/(2*(tand-2*PI*freq*rS*cGuess)));
        result=cMess*(pow(rS+(*rP),2)/((*rP)*(*rP))+pow(2*PI*freq*rS*cGuess,2));
        if(fabs(result-cGuess)/cGuess>ERROR) result=correctedCap(tand,rS,cMess,result,freq,rP)
            ;
        return result;
    }
    
    double seriesRes(double *rtTemp, double *rtRes,double temp, double factor, int size) {
        int i=1;
        double result;
```

```
//calculate intermediate resistance between two temperature values
int sign=((rtTemp[0]-temp)>0)-((rtTemp[0]-temp)<0);
do {
    if(sign!=((rtTemp[i]-temp)>0)-((rtTemp[i]-temp)<0)) {
        result=fabs(rtRes[i-1]+rtRes[i])/2;
        sign=0;
    }
    else i++;
} while(sign!=0 && i<size);

return factor*result;
}

int analyzeParameters(int argc, const char* argv[], char** inputParameters) {
    int result=31;
    int i;

    //find switches, asign inputParameters appropriatly, and calculate error code
    for(i=0;i<argc;i++) {
        if (!strcmp(argv[i],"--c")) {
            if ((i+1)<argc && strstr(argv[i+1],"--")==NULL) {
                result=result-1;
                strcpy(inputParameters[0],argv[i+1]);
            }
        }
        else if(!strcmp(argv[i],"--r")){
            if ((i+1)<argc && strstr(argv[i+1],"--")==NULL) {
                result=result-2;
                strcpy(inputParameters[1],argv[i+1]);
            }
        }
        else if(!strcmp(argv[i],"--o")) {
            if ((i+1)<argc && strstr(argv[i+1],"--")==NULL) {
                result=result-4;
                strcpy(inputParameters[2],argv[i+1]);
            }
        }
        else if(!strcmp(argv[i],"--m")){
            if ((i+1)<argc && strstr(argv[i+1],"--")==NULL) {
                result=result-8;
                strcpy(inputParameters[3],argv[i+1]);
            }
        }
        else if(!strcmp(argv[i],"--f")){
            if ((i+1)<argc && strstr(argv[i+1],"--")==NULL) {
                result=result-16;
                strcpy(inputParameters[4],argv[i+1]);
            }
        }
    }
    //return error code (zero on no error)
    return result;
}
```

A.2. Prozessierung der Kontaktstrukturen

Im Folgenden ist der Prozessierungsablauf für beide in dieser Arbeit verwendete Kontaktstruktur-Typen dargelegt. Die dazu verwendeten photolithographischen Masken sind in Abb. A.1 dargestellt:

1. Sputtern einer etwa 30 nm dicken Goldschicht auf als Bondflächen vorgesehene Bereiche (Maske 1, nur bei Typ II) und anschließender *Lift-off*. Danach wurde mittels PLD ganzflächig das Dreischichtsystem abgeschieden. Das Gold bildet dabei etwa $(0,5\ldots1,0)$ μm große Partikel, auf die einerseits sehr gut gebondet werden kann. Andererseits ist auf diese Weise auch eine niederohmige Kontaktierung der unteren Elektrode möglich, ohne die Qualität das YBCO zu sehr zu beeinträchtigen.

A. Anhang

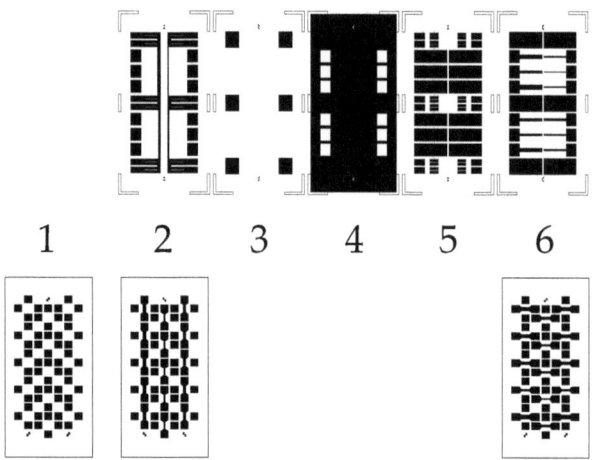

Abbildung A.1.: Verwendete photolithographische Masken für die Herstellung der Teststrukturen vom Typ I (oben) und Typ II (unten).

2. Ionenstrahlätzen (Beschleunigungsspannung 500 V, Stromdichte 1,0 mA/cm^2) der Grundstruktur (Maske 2). Währenddessen wurde die Probe mit flüssigem Stickstoff über einen Kaltfinger gekühlt, um eine Degradation der YBCO-Schicht zu verhindern. Anschließend wurde mittels HF-gesputterten (HF-Leistung 50 W, Wachstumsrate 1,9 nm/min) SiO$_2$ planarisiert und die Maske geliftet.

3. Freilegen der unteren Elektrode an den Kontaktflächen (Maske 3, nur bei Typ I). Dazu muss die obere Elektrode und die STO-Schicht mittels Ionenstrahlätzens entfernt werden.

4. Absetzen der Kontaktflächen für die obere Elektrode um 100 nm mittels Ionenstrahlätzens (Maske 4, nur bei Typ I), Auffüllen mit YBCO (Sputtern bei Raumtemperatur). Die Haftfestigkeit des Goldes ist auf den so hergestellten YBCO-Oberflächen deutlich verbessert, so dass darauf leicht gebondet werden konnte.

5. Abscheiden einer 60 nm dicken Goldschicht (Maske 5, nur bei Typ I) und *Lift-off*.

6. Ionenstrahlätzen zur Definition der oberen Elektrode (Maske 6) und anschließend *Lift-off*. Im Falle von Typ II wurde vorher ganzflächig eine 60 nm dicke Goldschicht aufgebracht.

A.3. ObjectiveC-Klasse zur Berechnung der Temperaturabhängigkeit der Permittivität

Die Modellierung der Temperaturabhängigkeit der Permittivität wurde nach einem phänomenologischen Modell nach CATALAN et al. [182] durchgeführt. Dazu wurde ein MacOS X-Programm geschrieben, dass auf einfache Weise eine Variation der enthaltenen Parameter ermöglicht. Im Folgenden ist das Listing der Klasse aufgeführt, mit dessen Hilfe die Berechnungen erfolgten.

Listing A.4: DMPolModelCat.h

```
//
//  DMPolModel.h
//  DiMod-E2
//
//  Created by Veit Grosse on 09.05.10.
//  Copyright 2010 Institut fuer Festkoerperphysik Jena. All rights reserved.
//

#import <Cocoa/Cocoa.h>
#import "functions.h"

@interface DMPolModelCat : NSObject {
    double paraB,paraQ12,paraY,nu,gammaMeta,paraT1,paraTc,paraAlpha,deltaPsi,lambda,
        strain0,thickness,intField,deltaElec,epsilonElec;
    BOOL doubleInterface;
    int solution;
}
@property(readwrite) double paraB,paraQ12,paraY,nu,gammaMeta,paraT1,paraTc,paraAlpha,deltaPsi,
    lambda,strain0,thickness,intField,deltaElec,epsilonElec;
@property(readwrite) BOOL doubleInterface;
@property(readwrite) int solution;

- (double)permittivityAtTemp:(double) temp atField:(double) field;
- (double)effectivePolAtTemp:(double)temp atField:(double) field;
- (double)localPermAtTemp:(double)temp atField:(double)field atPosition:(double)z;
- (double)localPolAtTemp:(double)temp atField:(double)field atPosition:(double)z;
- (double)strainAtPosition:(double)z;
- (double)tempTferroAtField:(double)field atPosition:(double)z;
- (double)barrettAtTemp:(double)temp atTempC:(double)tempCSt;
- (double)tempCStAtPosition:(double)z;
- (double)aStarAtTemp:(double)temp atPosition:(double)z;
- (double)boundChargeAtTemp:(double)temp atField:(double)field atPosition:(double)z;
- (NSArray*)potentialArrayAtTemp:(double)temp atField:(double)field;

- (void)aParameterValueChanged:(NSNotification *)theNotification;

@end
```

Listing A.5: DMPolModelCat.m

```
//
//  DMPolModel.m
//  DiMod-E2
//
//  Created by Veit Grosse on 09.05.10.
//  Copyright 2010 Institut fuer Festkoerperphysik Jena. All rights reserved.
//

#import "DMPolModelCat.h"

#define SUPPORT 1000
#define EPSILON0 8.854187818e-12
#define PI 3.141592654
#define DIFF 1e-12

@implementation DMPolModelCat
```

A. Anhang

```objc
@synthesize paraB,paraQ12,paraY,nu,gammaMeta,paraT1,paraTc,paraAlpha,deltaPsi,lambda,strain0,
    thickness,intField,deltaElec,epsilonElec;
@synthesize doubleInterface;
@synthesize solution;

- (id)init {
    if (self = [super init]){
        [[NSNotificationCenter defaultCenter] addObserver:self selector:@selector(
            aParameterValueChanged:) name:@"DMValueChanged" object:nil];
    }
    return self;
}

- (void)aParameterValueChanged:(NSNotification *)theNotification {
    if([[theNotification.userInfo objectForKey:@"Name"] isEqualToString:@"alpha"])
        [self setParaAlpha:[[theNotification.userInfo objectForKey:@"Value"]
            doubleValue]];
    else if([[theNotification.userInfo objectForKey:@"Name"] isEqualToString:@"T1"])
        [self setParaT1:[[theNotification.userInfo objectForKey:@"Value"] doubleValue
            ]];
    else if([[theNotification.userInfo objectForKey:@"Name"] isEqualToString:@"Tc"])
        [self setParaTc:[[theNotification.userInfo objectForKey:@"Value"] doubleValue
            ]];
    else if([[theNotification.userInfo objectForKey:@"Name"] isEqualToString:@"strain0"])
        [self setStrain0:[[theNotification.userInfo objectForKey:@"Value"] doubleValue
            ]];
    else if([[theNotification.userInfo objectForKey:@"Name"] isEqualToString:@"lambda"])
        [self setLambda:[[theNotification.userInfo objectForKey:@"Value"] doubleValue
            ]];
    else if([[theNotification.userInfo objectForKey:@"Name"] isEqualToString:@"thick"])
        [self setThickness:[[theNotification.userInfo objectForKey:@"Value"]
            doubleValue]];
    else if([[theNotification.userInfo objectForKey:@"Name"] isEqualToString:@"dPsi"])
        [self setDeltaPsi:[[theNotification.userInfo objectForKey:@"Value"]
            doubleValue]];
    else if([[theNotification.userInfo objectForKey:@"Name"] isEqualToString:@"b"])
        [self setParaB:[[theNotification.userInfo objectForKey:@"Value"] doubleValue
            ]];
    else if([[theNotification.userInfo objectForKey:@"Name"] isEqualToString:@"Q12"])
        [self setParaQ12:[[theNotification.userInfo objectForKey:@"Value"] doubleValue
            ]];
    else if([[theNotification.userInfo objectForKey:@"Name"] isEqualToString:@"Y"])
        [self setParaY:[[theNotification.userInfo objectForKey:@"Value"] doubleValue
            ]];
    else if([[theNotification.userInfo objectForKey:@"Name"] isEqualToString:@"nu"])
        [self setNu:[[theNotification.userInfo objectForKey:@"Value"] doubleValue]];
    else if([[theNotification.userInfo objectForKey:@"Name"] isEqualToString:@"g-n"])
        [self setGammaMeta:[[theNotification.userInfo objectForKey:@"Value"]
            doubleValue]];
    else if([[theNotification.userInfo objectForKey:@"Name"] isEqualToString:@"delta"])
        [self setDeltaElec:[[theNotification.userInfo objectForKey:@"Value"]
            doubleValue]];
    else if([[theNotification.userInfo objectForKey:@"Name"] isEqualToString:@"epsE"])
        [self setEpsilonElec:[[theNotification.userInfo objectForKey:@"Value"]
            doubleValue]];
    else NSLog(@"Wrong_Identifier_sent_to_Model!");

    [[NSNotificationCenter defaultCenter] postNotification:[NSNotification
        notificationWithName:@"DMTestNotification" object:self]];
}

- (double)permittivityAtTemp:(double)temp atField:(double)field {
    double result=[self localPermAtTemp:temp atField:field atPosition:-thickness/2]+[self
        localPermAtTemp:temp atField:field atPosition:thickness/2];
    double dZ=thickness/(SUPPORT-1);
    int i;
    for (i=1; i<(SUPPORT-1); i++) {
        if (i%2) result=result+4.0*[self localPermAtTemp:temp atField:field atPosition
            :-thickness/2+i*dZ];
        else result=result+2.0*[self localPermAtTemp:temp atField:field atPosition:-
            thickness/2+i*dZ];
    }

    result=result*dZ/3/thickness;
    return 1/result/EPSILON0;
}

- (double)effectivePolAtTemp:(double)temp atField:(double) field {
```

A.3. ObjectiveC-Klasse zur Berechnung der Temperaturabhängigkeit der Permittivität

```
        double  result=[self localPolAtTemp:temp atField:field atPosition:−thickness/2]+[self
            localPolAtTemp:temp atField:field atPosition:thickness/2];
        double  dZ=thickness/(SUPPORT−1);
        int  i;

        for  (i=1; i<(SUPPORT−1); i++) {
            if  (i%2) result=result+4.0*[self localPolAtTemp:temp atField:field atPosition
                :−thickness/2+i*dZ];
            else  result=result+2.0*[self localPolAtTemp:temp atField:field atPosition:−
                thickness/2+i*dZ];
        }

        return  result*dZ/3/thickness;
}

− (double)localPermAtTemp:(double)temp atField:(double)field atPosition:(double)z {
        double bSt=4*pow(paraQ12,2.0)*paraY/(1.0−nu)+paraB;

        return 3*bSt*pow([self localPolAtTemp:temp atField:field atPosition:z],2.0)+[self
            aStarAtTemp:temp atPosition:z];
}

− (double)localPolAtTemp:(double)temp atField:(double)field atPosition:(double)z {
        double  result;

        double  bSt=4*pow(paraQ12,2.0)*paraY/(1.0−nu)+paraB;
        double  aSt=[self aStarAtTemp:temp atPosition:z];
        double  dEpsilon=([self strainAtPosition:z+DIFF]−[self strainAtPosition:z])/DIFF;

        double  c=2*gammaMeta*paraY/(1−nu)*dEpsilon−(field+intField);
        double  p0=powNew(c/2/bSt+sqrt(pow(aSt/3/bSt,3.0)+pow(c/2/bSt,2)),1.0/3.0)+powNew(c/2/
            bSt−sqrt(pow(aSt/3/bSt,3)+pow(c/2/bSt,2)),1.0/3.0);

        if(aSt<0 && fabs(pow(aSt/3/bSt,3.0))>pow(c/2/bSt,2.0)) {
                result=2*sqrt(−aSt/3/bSt)*cos((double)solution*PI/3.0+acos(−c/2/bSt/sqrt(−pow(
                    aSt/3/bSt, 3.0)))/3.0);
        }
        else  result=p0;

        return  result;
}

− (double)strainAtPosition:(double)z {
        // d>>delta −>YBCO/STO/YBCO
        //return parameterSet[9]*exp(−(z+d/2)/parameterSet[8])+parameterSet[9]*exp((z−d/2)/
            parameterSet[8]);

        if  (doubleInterface) {
                // YBCO/STO/YBCO
                double  mult=((cosh(0)−tanh(thickness/lambda)*sinh(0))+(cosh(thickness/lambda)−
                    tanh(thickness/lambda)*sinh(thickness/lambda)));

                return  strain0/mult*(cosh((z+thickness/2)/lambda)−tanh(thickness/lambda)*sinh
                    ((z+thickness/2)/lambda)+cosh(−(z−thickness/2)/lambda)−tanh(thickness/
                    lambda)*sinh(−(z−thickness/2)/lambda));
        }
        else {
                //YBCO/STO/Au
                return  strain0*(cosh((z+thickness/2)/lambda)−tanh(thickness/lambda)*sinh((z+
                    thickness/2)/lambda));
        }
}

− (double)tempTferroAtField:(double)field atPosition:(double)z {
        double  bSt=4*pow(paraQ12,2.0)*paraY/(1−nu)+paraB;
        double  dEpsilon=([self strainAtPosition:z+DIFF]−[self strainAtPosition:z])/DIFF;
        double  c=2*gammaMeta*paraY/(1−nu)*dEpsilon−(field+intField);

        double  x=2/paraT1*([self tempCStAtPosition:z]−3*bSt/paraAlpha*pow(pow(c/2/bSt,2.0)
            ,1.0/3.0));

        return  paraT1/log((x+1)/(x−1));
}

− (double)barrettAtTemp:(double)temp atTempC:(double)tempCSt {
        return  paraAlpha*(paraT1/2/tanh(paraT1/2/temp)−tempCSt);
}

− (double)tempCStAtPosition:(double)z {
```

A. Anhang

```
        return paraTc+4*paraQ12/paraAlpha*paraY/(1-nu)*[self strainAtPosition:z];
}
- (double)aStarAtTemp:(double)temp atPosition:(double)z {
        return [self barrettAtTemp:temp atTempC:[self tempCStAtPosition:z]]+deltaElec/(
            EPSILON0*epsilonElec*thickness);
}
- (double)boundChargeAtTemp:(double)temp atField:(double)field atPosition:(double)z {
        double dZ=thickness*DIFF*1e5;
        double polLeft, polRight;

        if((z-dZ)<-thickness/2) polLeft=[self localPolAtTemp:temp atField:field atPosition:z];
        else polLeft=[self localPolAtTemp:temp atField:field atPosition:z-dZ];
        if((z+dZ)>thickness/2) polRight=[self localPolAtTemp:temp atField:field atPosition:z];
        else polRight=[self localPolAtTemp:temp atField:field atPosition:z+dZ];

        return -(polRight-polLeft)/(2*dZ);
}
- (NSArray*)potentialArrayAtTemp:(double)temp atField:(double)field {
        double error, newSum, oldSum, help;
        double dZ=thickness/SUPPORT;
        double phi[SUPPORT+1]={1};
        double f[SUPPORT+1];
        int i,m;
        phi[0]=-[self effectivePolAtTemp:temp atField:field]*deltaElec/(EPSILON0*epsilonElec);
        phi[SUPPORT]=[self effectivePolAtTemp:temp atField:field]*deltaElec/(EPSILON0*
            epsilonElec);

        for(i=1;i<SUPPORT;i++) f[i]=-[self boundChargeAtTemp:temp atField:field atPosition:-
            thickness/2+dZ*i]/(1/[self localPermAtTemp:temp atField:field atPosition:-
            thickness/2+i*dZ]);

        m=0;
        do {
                error=0;
                for(i=1;i<SUPPORT;i++) {
                        help=phi[i];
                        newSum=phi[i-1]/(dZ*dZ);
                        oldSum=phi[i+1]/(dZ*dZ);

                        phi[i]=-dZ*dZ/2*(f[i]-newSum-oldSum);
                        if(fabs(help-phi[i])>error) error=fabs(help-phi[i]);
                }
                m++;
                if(m%10000==0) NSLog(@"%le",error);
        }while(error>DIFF*1e5);

        NSMutableArray *mArray=[NSMutableArray arrayWithCapacity:0];
        for(i=0;i<=SUPPORT;i++) [mArray addObject:[NSNumber numberWithDouble:-phi[i]]];

        return [NSArray arrayWithArray:mArray];
}
- (void)dealloc {
        [[NSNotificationCenter defaultCenter] removeObserver:self];

        [super dealloc];
}
@end
```

Danksagung

An dieser Stelle möchte ich die Gelegenheit nutzen, meinen tiefen Dank all denjenigen gegenüber auszudrücken, die durch ihre Unterstützung zum Gelingen der vorliegenden Doktorarbeit beigetragen haben.

Ich danke meinem Doktorvater Prof. Dr. P. Seidel für Vergabe dieses interessanten und fordernden Promotionsthemas und für die Möglichkeit diese Arbeit in seiner Arbeitsgruppe durchführen zu können. Darüber hinaus danke ich ihm für seine Geduld und vielfältigen Unterstützung.

Mein besonderer Dank gilt Dr. F. Schmidl, der mich in meinen wissenschaftlichen Vorhaben immer unterstützt und mit all seinem fachlichen Wissen zu deren gelingen beigetragen hat.

Ich möchte besonders auch M. Thürk danken, der mit seiner immensen Erfahrung und seinem Organisationstalent immer eine wichtige Stütze der Arbeitsgruppe war.

Ich danke Dr. R. Nawrodt und Dr. C. Patzig für deren Anregungen und Ratschläge, die bei der Fertigstellung dieser Arbeit von unschätzbaren Wert waren.

Der gesamten Arbeitsgruppe Tieftemperaturphysik danke ich für das überaus freundschaftliche Arbeitsklima und die vielfältigen gemeinsamen Aktivitäten. Insbesondere möchte ich allen Doktoranden und Diplomanden der Arbeitsgruppe danken, mit denen immer eine enge und fruchtbare Zusammenarbeit möglich war.

Nicht zuletzt gilt mein besonderer Dank meinen Eltern, meiner Familie und Freunden, die mich in meinem Vorhaben zu promovieren immer unterstützt haben und für die erforderliche Abwechslung sorgten. Ohne sie währe diese Arbeit nicht möglich gewesen.

Die VDM Verlagsservicegesellschaft sucht für wissenschaftliche Verlage abgeschlossene und herausragende

Dissertationen, Habilitationen, Diplomarbeiten, Master Theses, Magisterarbeiten usw.

für die kostenlose Publikation als Fachbuch.

Sie verfügen über eine Arbeit, die hohen inhaltlichen und formalen Ansprüchen genügt, und haben Interesse an einer honorarvergüteten Publikation?

Dann senden Sie bitte erste Informationen über sich und Ihre Arbeit per Email an *info@vdm-vsg.de*.

Sie erhalten kurzfristig unser Feedback!

VDM Verlagsservicegesellschaft mbH
Dudweiler Landstr. 99   Telefon +49 681 3720 174
D - 66123 Saarbrücken   Fax   +49 681 3720 1749
www.vdm-vsg.de

Die VDM Verlagsservicegesellschaft mbH vertritt

Printed by Books on Demand GmbH, Norderstedt / Germany